U0461402

存在主义心理咨询和治疗技术

[英] 艾美·范·德意珍
[英] 马丁·亚当斯 / 著

张秀琴 / 译

Skills in Existential Counselling & Psychotherapy

Emmy van Deurzen Martion Adams

重庆大学出版社

推荐序

我跟张秀琴教授的相遇，源于对存在主义心理学的共同热忱。她翻译了艾美 · 范 · 德意珍和马丁 · 亚当斯的《存在主义心理咨询和治疗技术》，邀请我为这本书写一个推荐序。我欣然应允！

先拜读了这本书的译稿，我十分赞赏——既赞赏这本书写得好，也赞赏这本书译得好。据秀琴教授说，她翻译这本书，足足花了两年时间，可见功夫之深。

这本书的两位作者我也认识，跟艾美 · 范 · 德意珍教授更加熟悉，关系可谓深矣。她是当今世界存在主义心理治疗领域最重要的领导者之一，目前已有13本著作出版。2015年，她发起世界存在主义心理治疗大会（英国的伦敦），这是世界存在主义心理治疗领域史无前例的盛会。我和杨韶刚教授参加了这次盛会。此后，德意珍教授一直致力于推动这个大会在全世界范围内发展——第二届大会于2019年在布宜诺斯艾利斯（位于阿根廷）举办，第三届大会于2023年在雅典（位于希腊）举办，第四届大会将于2026年在丹佛（位于美国）举办。我期待第五届世界存在主义心理治疗大会在中国南京举办（不管结果如何，至少可以期待）。艾美·范·德意珍于2023年发起了一场存在主义运动，我也受邀加入该运动的顾问委员会，并且正在申请在中国成立它的亚洲中心。我了解的艾美·范·德意珍是一个被使命召唤、热情如火的女性。她在把主办世界存在主义心理治疗大会的接力棒交给第二届大会的组织者（苏珊娜·西格纳瑞丽）的时候说："不要让任何人阻碍你为所当为！"她让我想起西方历史上的一些女英雄，如雅典娜、圣女贞德等。她单纯、直率、热忱、勇猛，是存在主义心理学领域的一名战士。

本书的另一个作者亚当斯博士是《存在分析》杂志的共同主编。他在存在主义治疗领域的著作还有《存在主义心理咨询简介》和《人类发展的存在之路》。

这本书的译者张秀琴教授曾在北京师范大学攻读教育学学士和硕士学位，又在清华大学获得心理学博士，后来在青海民族大学做心理学教授。她从读大学时就开始阅读存在主义哲学、文学，对之情有独钟。她翻译《存在主义心理咨询和治疗技术》，实属得其所哉。

这些年来，每看到一本存在主义治疗的书被译介到中国，我内心都会感到一阵欣喜。总结一下，这本书的意义有以下几个方面：

一、按一般的理解，存在主义心理治疗不看重技术，甚至没有什么技术。而这本书的名字竟是"存在主义心理咨询和治疗技术"，实在让人耳目一新，自然也有所期待。你的期待不会落空，因为本书呈现具体案例，还展开不同主题的对话，以此来演示不同方法的实际应用。可以说为我们预备了一个存在主义治疗的实践基础。

二、本书还谈到存在主义治疗师应该具备的品质，对我们是一个非常重要的提醒。它提醒我们，从事心理咨询并不是一套技术操作，而是治疗师与来访者的生命相遇——“一场邂逅、一次灵魂的相遇”。最重要的是，治疗师需要了解自己，包括“我是谁”、我的“生活的意义”、我的“意愿与能力”等。他对人生有觉察，也能促成来访者经历反思和觉察。

三、艾美·范·德意珍乃哲学出身，有深厚的哲学思想功底。当今世界存在主义治疗有不同取向，如存在-意义取向，由维克多·弗兰克尔发起，阿尔弗雷德·兰格尔继承；存在-现象学取向，以欧内斯托·斯皮内利为代表；存在-分析取向，以宾斯万格、梅达特·鲍斯为代表，是对海德格尔哲学中的“存在于世”等概念的应用；存在-人本取向，以美国罗洛·梅及其继承人施耐德为代表。而艾美·范·德意珍的存在主义治疗取向以哲学为根基，在存在主义哲学理论指导下，通过心理治疗来实践和实现哲学的基本原则，也达成了哲学的疗愈性质。存在主义治疗充分显示，心理治疗离哲学很近，离科学很远。它是生命的、情感的、艺术的，而不是那么科学，更不是科学主义的。阅读这本书，你会发现它对相关的哲学概念进行了相当简洁而确切的阐释和描述，使我们能够透过这本存在主义治疗的书了解存在主义哲学、现象学、人本主义、精神分析等。

四、本书充分呈现存在主义治疗的基本特性，总结有三：反思的品质、直面的态度、批判的精神。它强调个体自由与选择，反思与觉察，包括对苦难的追问、对意义的追寻、对关系的强调、对人性的尊重等。它真正关注的不是症状及其分类与描述，而是人类生活境况的根本议题，被称为存在既定，包括自由、选择、责任、焦虑、死亡、人生不确定性、本真、勇气等。在存在主义治疗的理解里，困扰人类的症状反映的是人未能真正直面、理解和应对的人生基本议题。存在主义治疗追求一种个人化或个性化的治疗，并不设置一套固定的技术套路或框架要求治疗师严格遵循。它反对“医学教条主义”，强调自由与变通，包括对人生的一种悖论性质的理解与应对。可以说，同为存在主义治疗师，各人有各人的治疗风格。他们基于一些共同的哲学原则（存在主义、现象学等），如“存在先于本质”，强调个体的自主与自由，每个人都可以通过选择来确认自己、成为自己。本书有一个宣称：我们的存在比我们是什么更为根本！存在主义治疗有一个核心追问：“作为一个人活在这个世界上意味着什么？”许多议题由此展开。在治疗方法上，存在主义治疗师会基于来访者的情形和需要做广泛的借鉴，更重要的是个人化的创造。把潜能充分激发出来，实现本真的生命。存在主义治疗把人类的困扰或症状放在哲学视野中加以观察与理解，它所提供的治疗也不仅仅是一套心理学技术，而是对人类困境的深度关切与温情陪伴，它对人类和世界的理解是充满洞见的，因为它的背后有人类丰富的思想文化资源的支持。这非常符合我对心理治疗的理解：如果一种心理治疗只讲技术，却没有文化根源，大概行之不远，治表不治里，因为它是无源之水，无本之木。

六、为什么我迷恋存在主义及其治疗并十分乐意介绍它呢？因为存在主义跟我们传统的某些精神品质更接近、有更多联系。比如说，在老庄思想和鲁迅思想里，我就看到了与存在主义、现象学的许多相通乃至契合之处。甚至在我的理解里，中国的心理学跟西方过多强调科学的心理学相去甚远，跟存在-人本主义心理学却十分相近。想到存在主义及其治疗，我不觉想起一句话："理论是灰色的，而生命之树常青。"因为它关注个体，也最有个性，它打破僵硬的观念体系，让封闭的心灵向世界敞开并与之联结，所以它呈现的是一个意向性的世界——充满情感、感受、体验、关系、本真、意义，也充满选择与焦虑、自由与责任、不确定性的世界与确认的自我，它协助人获得觉察，充分认识自己和活出自己。

最后，我充分相信，这本书会在中国赢得越来越多的读者。

王学富

南京直面心理咨询研究所

译者序

本书的翻译源于译者从年轻时就对存在主义哲学的兴趣。

20 世纪 80 年代，我国正处于从计划经济向市场经济转型的初期，社会变革引发了人们对价值观、人生目标等方面的思考。在这个过程中，存在主义哲学的许多观点，如个人自由、个体责任、人生意义等，与当时知识分子的精神追求产生了共鸣。我对存在主义的兴趣源于萨特和西蒙娜·德·波伏娃的著作，同时也惊讶和好奇于他们之间在精神与肉体之间的合作与博弈。在中国西部长期的心理学教学与心理咨询实践中我对生命的存在有了更多的思考。能够完成这本书的翻译于我而言是对自己的一个交代，在生命的暮年算是对自己青春的回望，也是对多年来在心理学领域的思考做一整理。

《存在主义心理咨询和治疗技术》是艾美·范·德意珍和马丁·亚当斯所著的一本心理咨询和治疗技术的书籍。本书旨在帮助读者了解和掌握存在主义心理咨询和治疗的方法和技术，以实现自我和他人的成长和发展。这本书的主要内容包括以下几个方面：

■ 存在主义心理学的基本原理：存在主义心理学的核心概念，如自由、责任、孤独、死亡和意义等，并阐述了这些概念在心理咨询和治疗中的应用。

■ 心理咨询和治疗的目标：强调心理咨询和治疗的目标应该是帮助个体认识并接受自己的存在状况，学会承担责任，以及找到生活中的意义和方向。

■ 咨询和治疗的技术和方法：作者详细介绍了多种心理咨询和治疗的技术和方法，包括倾听、解释、探索、挑战和反思等。这些技术和方法旨在帮助个体面对生活中的挑战，实现自我成长和发展。

■ 应用领域：作者还讨论了存在主义心理咨询和治疗在不同领域的应用，如心理健康、教育、社会工作和企业管理等。

■ 实践案例：为了使读者更好地理解存在主义心理咨询和治疗的方法和技巧，作者提供了一些实践案例，展示了如何在实际工作中运用这些方法和技巧。

本书能够顺利出版要感谢我的同行和学生们。他们包括叶长春（第3章）、罗扬（第5章）、张铭枫（第6章、术语表）。本人完成了其余部分（第1章、第2章、第4章、第7章、第8章）。同时，我要感谢我的学生任华、张媛欣、李倩倩、付文姗、才让措吉，他们在完成学业的同时也做了大量的文字校对、文本编辑等工作，如今她们在自己的领域各展风采，借此祝我的学生们鹏程万里，在人生中找到存在的意义，过一种有尊严而幸福的生活。

人的存在是一个多维度、多层次的哲学问题，在短暂而又漫长的一生中，思考生命的意义是伴随我们终身的灵魂追问。我长期在青海工作，青海玉树地零以后，作为首席专家负责了全省教育系统的心理援助工作，也曾经参与过汶川地震、富士康集团的心理援助工作，去过大凉山地区做过彝族孤儿的救助项目，耳闻目睹了很多关于死亡、关于灾难、关于人生多舛的悲凉故事，从这么多故事里深感生命有在的价值和意义，生命就像一朵废墟上开出的花我们生而为人，在生命的恣唯中踟溺前行而存在的意义就是引领我们前行的那束光。

翻译这本书，是我对自己年轻时很多疑虑的命题探索答案的过程，也是在中国西北地区工作近 40 年的思索。于我而言，翻译这本书，是心愿，也是存在的意义。心理咨询与治疗作为与人的精神世界沟通的工作，存在的意义是我们都无法回避的议题，希望此书的出版能为国内的同行们提供一个存在主义心理咨询与治疗的视角，同时为和谐社会的发展与民众的幸福尽绵薄之力。

目　录

导　言

一个人的完美之处，就在于找到自己的不完美之处。

——奥勒留·奥古斯丁

迄今为止，存在主义心理治疗已发展了一个多世纪，纵观理论与实践发展的脉络，我们发现所有的存在主义治疗师都有两个共同点：一、他们的工作主要是基于哲学理论而不是心理学理论；二、对技术和基于技能的实践持怀疑态度。他们中的大多数人都认为，人类的问题需要以尽可能广的角度来思考，从而澄清和阐明它们是人类的基本困境还是个体面临的困难。这意味着，与其他理论取向的治疗师不同，存在主义治疗师更关心的是公正地对待来访者的生活方式，而不是解决特定的问题或关注不适、不安的特定症状，其目的是帮助人们勇敢面对人生的困境，而不是逃避困难。一般来说，存在主义治疗师会避免从获得技能或应用特定技术的角度来制定他们的治疗方案，他们一贯坚持的信念是：技术和技能会妨碍治疗师充分理解一个人真正关心的问题，已有的心理咨询与治疗的理论及方法会妨碍治疗师对人生意义的理解。存在主义治疗师的目标是超越所有心理治疗和咨询的理论，从真正的哲学视角看待每个人生困境。存在主义治疗一直十分强调基于治疗师个人特色的治疗实践，在某种程度上，这种独辟蹊径的治疗方法在其他流派的治疗师看来甚至是晦涩难懂的，因为它游离于主流疗法之外，并拒绝以传统方法定义他们的工作方式。存在主义治疗师非常重视自己的实践自由，从来没有按系统原则制定过工作流程。这通常意味着存在主义治疗师在实践中即使借用了其他疗法的技巧，也是在整体兼容哲学方法的情境下将这些技巧融入他们的工作中，而且这种整合是以严谨方式完成的，绝对不是一种“什么都可行”的模式。存在主义治疗师不排斥在适当的时候联合其他治疗方法进行治疗，但是要以一种哲学的、批判性的方式合作。他们试图在实践中检验、辨明和探究根据理论所做的假设。出于对真理的追求和对智慧的热爱，哲学离不开这种质疑与追问，存在主义治疗也不例外。

存在主义和精神分析两个流派之间存在着长期的紧张关系，从宾斯万格和弗洛伊德之间的早期通信及延续了终身的友谊就开始了。存在主义心理学家长期以来一直质疑精神分析的理论基础——还原论（例如心理能量说）、生物学基础（例如力比多、攻击性）和父权思想（例如阳具崇拜等）。存在主义治疗师对认知行为疗法也持谨慎态度，认为这种疗法总是在完全理解问题之前，就急于确认和解决问题。此外，他们对人本主义以及以人为中心的治疗取向也有不认同之处。虽然人本主义疗法的理论和认识论在很大程度上源自存在主义，但大多数人本主义者（或积极心理学家）的人性观（例如人类本质上是积极的、有价值的和有能力的）与存在主义治疗师从哲学角度对人性本质的看法是不同的。存在主义传统与具有严谨的心理治疗整合运动之间最为相似，因为它们都是基于理性思考和研究结果的。存在主义治疗也与某些系统治疗方法存在关联——在这些疗法中，治疗师会联系来访者成长和生活的环境来理解来访者的个人经历。

存在主义治疗是一种治疗形式，经常吸引那些在心理治疗领域工作过一段时间的人，他们的经历使他们质疑医学教条主义。存在主义治疗最吸引人的地方，是它不仅包含实用的治疗理论和有原则的治疗实践，而且还密切关注人们在生活中的具体困境和人生目标。存在主义治疗尤其受那些遭遇跨文化冲突及矛盾的人的追捧，因为它提供了一个相对价值无涉的工作基础，也没有预设一个受文化限制的人格理论。因此，它可被用于跨文化领域的治疗工作，并且尤其适合那些鼓励个体对自己和社会健康负责的精神实践。

存在主义传统在不同的国家有不同的演变方向。在欧洲大陆，它倾向于更有条理、更加结构化，例如由瑞士心理学家梅达特·鲍斯开创的一种海德格尔式精神分析，或者是由奥地利的维克多·弗兰克尔开发的意义疗法。在美国，它倾向于与人本主义传统相联系，并通常被称为存在-人本主义疗法或人本主义整合疗法，例如柯克·施耐德和贝蒂·坎农的工作，他们分别借鉴了很多人本主义疗法和格式塔疗法。

基于我们所处的历史节点和地理区域，这本书仅代表英国的存在主义治疗模式，这种治疗模式更接近其哲学根源，并以现象学方法为基础。存在主义疗法的英国学派也不止一种倾向，而是有两大支派。一个支派是现象学-存在主义疗法，它实际上是人本主义疗法或整合疗法（以伊根三阶段模型为基础）的现象学变体（就像欧内斯托·斯皮内利、戴夫·莫恩斯和米克·库珀的治疗实践一样）；另一个支派是艾美·范·德意珍和她的同事提出的一种激进存在主义方法，这种方法坚定地建立在欧陆哲学的基础上。这本书大致上以后者为基础的。

当然，存在主义治疗领域是动态的、不断变革的。一些认知治疗师已经在借用存在主义原则来加强认知行为疗法的第三浪潮的实践了，而积极心理治疗师也同样主张要重视存在性问题。存在主义传统宗旨的一部分是传播哲学的好处并让感兴趣的人取用其清晰的思维，而不是强行指定该如何去做。

存在主义影响的广度在很大程度上与它不明确界定自己的实践形式、保持其治疗实践足够灵活以邀请更多来访者参与有关，这应该被视为一种优势，而不是一种劣势。如果从业人员试图使它看起来好像他们有且只有唯一一个定义存在主义的方法时，那么它才会成为一个问题。任何一种形式的存在主义治疗都不应该被视为标准的或固定的实践模式，这对未来存在主义治疗的自由发展是至关重要的（Cooper，2003；Deurzen & Arnold-Baker，2005; Deurzen & Kenward，2005; Deurzen & Young）。

如此一来，写一本关于存在主义治疗技巧的书就会存在问题，因为要想定义它就会与存在主义治疗实践的开放性、非指定性和技术简化相矛盾。会有很多存在主义治疗师质疑将存在主义治疗的这种本质付诸文字是否真的有意义，而且这些人也不愿意读这样的书。这是一个遗憾，因为这本书的每一页内容显然与其他制定严格治疗行为规范的书都不一样。相较于追求实用的、实操性的技能，存在主义治疗师的技能更偏向于意识形态的、批判性的，或方法论的。对于存在主义治疗师来说，严格按照书本来工作是不可能的，即便是我们这本书也不行。存在主义治疗没有绝对的规则和规定可以参照及遵循。它更像是一种学习自发地、创造性地工作，并不断拓展以往知识的过程——因为治疗师在面对来访者时，需要打开自我，去触及另一个人的内心，更深入地了解人类所经受的考验和苦难。理论与实践的关系至关重要，我们认为这一关系尚未得到足够的重视。在接下来的部分中，也许你会发现有些内容从其他治疗视角来看有点熟悉，这表明，其他心理治疗实践的一些元素（但并非全部）可以与存在主义实践相一致。

事实上，存在主义治疗实践既不是完全由技术构成的，也不是完全由治疗过程中的当下情景构成的，这是一个悖论——按照存在主义的哲学逻辑，它必须是两者兼得，而非两者择其一。希望在这一部分的讨论中，我们已经足够清楚地描述了这个悖论，以便读者能够理解如何在不可预知的心理治疗环境中平衡两者的关系。

存在主义治疗师的技能本质上来源于人类生活的品质，以及人类个体所拥有的一种以自身独特的视角来认识世界的能力。这通常涉及用连贯而富有成效的方式推导结论并从经验中学习的能力。存在主义治疗师受过哲学训练，他们知道如何将清晰的想法和思维运用到实践中。存在主义治疗师对心理督导工作做出了宝贵的贡献的原因就在于，从人类智慧和哲学角度对正在发生的事情进行概述的能力（Deurzen & Young，2009）。同样，存在主义治疗在人们面临危急情形和应对创伤时尤其有效，因为当人们在重大灾难面前精神崩溃时，很难接受基于理论框架的套路式的心理治疗，并对心理治疗师基于治疗安全的考虑而按部就班地使用那些心理治疗技巧的做法很容易感到恼火和被冒犯。

也许，经验丰富的存在主义治疗师最突出的技能包括：有更宽广的视角，从哲学角度看待人生意义，对他人宽容、仁慈，即便当一个人处于绝望之中或生活接近崩溃时也依然对生活充满好奇与敬意。这也正是存在主义治疗师真正面对挑战的时候。当来访者陷入心理危机，所需要的只是一个人帮他们舔舐伤口时，存在主义治疗可以帮助他们疗愈创伤，因为痛苦也有重要的人生意义。在生存维度上，心理危机是人类生活的一部分。人们经常会发现，在与灾难抗争的过程中他们反而会积聚更多的能量，获得对生命的全新理解。存在主义治疗师一般不太可能被这个世界中大大小小的不幸吓倒，他们不会期待来访者过文艺作品中所展现的楷模般的、长久的幸福生活，也不强求他们拥有完美无瑕的家庭关系。他们以这个世界上人类生活的真实的样子开展工作，因此他们接纳来访者的不完美、问题、麻烦、痛苦和困难，也接纳他们想让生活变得完美和舒适的愿望。

存在主义治疗的目标始终是让来访者更有觉察力，更有自主意识，也更能理解自己、世间的事物、其他人和思想，并不断扩展这种理解，直到它在实践中发挥最佳作用。在这一过程中，存在主义治疗师将理论和思想作为阐释的工具。在接下来的内容中，我们将尝试向读者细化这一理论和思想——我们不会提出一套可以简单教授和应用的固定技能，尽管有时会描述一些具体的干预措施。在此郑重提醒诸位读者，这样的技能练习不应该仅仅停留在字面的意思上去理解，而是应该将干预的精髓融入你自己的心理治疗实践中。显而易见，存在主义治疗是一种特殊的疗法，它是完全有可能被掌握并加以完善的。本书的目的是帮助你学会以一种存在主义的态度去生活和工作。然而，存在主义治疗是一门特殊的技能，治疗师们一些特定的理论倾向和治疗态度可以与它相辅相成，在治疗中相得益彰，但同时我们也需要明白，在有些情形下，这些特定的理论倾向和治疗态度反而会对治疗形成障碍，对此我们要有足够多的心理准备。

存在主义疗法以反思能力为基础，即人类天生有能力从自己的经验中汲取新的、独特的知识，并在分析问题和克服问题的过程中茁壮成长。事实也证明，在面对困难和挑战时，人类的精神力量是高涨的。虽然人类是通过生物进化发展起来的，但拥有反思能力和有意识的觉知使我们超越了纯粹机械的生命。截至目前，人类进化最明显的证据在于我们会因世界的变化而不断调整看待世界的方式并且通过改变自己的行为来更有效地应对这种变化。这种改变需要付出代价，即我们需要承担起在变化的世界上个人应尽的责任和义务。存在主义治疗实践一直是非常个人化的，就像不同的艺术家对同一种艺术形式有不同的诠释一样，不同实践取向的存在主义治疗师对存在主义的解读也各有不同，但这种辩证的解读也印证了存在主义的进步。每一项艺术的学习有其特定的技术基础，但只有当技术被习得和超越时，它才会成为艺术，存在主义治疗也如此。治疗师们通过学会新的、更敏锐的方式去观察和感知现实，并将其同我们通过大众媒体所了解的社会现实联系起来，从而实现存在主义心理治疗技术在实践中的独特而创造性地使用。与之相关的议题是，为了更好地进行治疗，我们需要了解人类生活中无处不在的各种信息，即媒介对我们的治疗理念和技术的影响。我们需要培养一种开放和专注的态度，不仅要关注我们的来访者，还要关注他们的生活现实以及他们解决问题的独特方式，在此基础上发现和解决人类共有的一些问题。为了磨炼这种专注性和意向性，我们可以通过许多方法进行训练。本书将对上述内容进行详尽描述，并向诸位展示这种方式是如何被训练并被熟练地应用于治疗的。

从第一章存在主义治疗的总体框架开始，我们首先具体说明存在主义治疗方法的哲学基础是什么，以及它如何以对来访者在不同层面上的生活方式的评估来取代心理评估。在第二章，我们将继续讨论存在主义治疗师的人选，即什么样的人适合做存在主义治疗师，这部分我们要讨论一下存在主义治疗师需要具备的特殊能力，以及他们在与来访者工作时需要的必备技能和能力。在第三章，我们将从现象学的视角描述这一革命性研究方法如何支撑了存在主义治疗方法的实践，并为研究来访者的生活方式和看待世界的方式提供一个系统的方法论。在第四章，我们将探讨存在主义治疗的一些基本原则，以及治疗师如何培养一种存在主义的态度。这一部分，我们通过实证案例说明了如何理解存在主义治疗的原则及如何培养存在主义心理治疗师的态度。在第五章，我们将继续通过理论阐释与实践案例相结合的方式，以治疗中的情绪和焦虑为研究对象探讨对存在主义治疗的进一步理解。在第六章，我们将在人类个体世界观的框架内，将来访者的关注点作为所有治疗干预的起点和终点，以此说明存在主义治疗师是如何处理来访者的具体问题的。在第七章，我们将对存在主义治疗过程中的一些要素加以说明和解释。在第八章，我们将通过存在主义治疗实践的简要概述对我们的发现做一总结。本书的最后，你将会看到一个术语表，它简要地澄清了一些存在主义治疗中涉及的相当复杂和难懂的概念。因此，本书虽然没有为存在主义治疗师提供一个有用的、简单的技能大纲清单，但它肯定会准确地呈现那些认真从事这项工作的治疗师的哲学态度和治疗理念，这是一种基于哲学思考的心理治疗方法，旨在通过治疗师的工作使来访者独立思考，实现这种目标的前提是治疗师要学习如何以存在主义的方式去生活，这种学习意味着如果你打算成为一名存在主义治疗师，必须要能够独立思考，并且在思考的基础上对自己在治疗过程中的想法、感受和行为负责。

还有很多关于存在主义治疗的著作可以补充导言部分的介绍性文本（Yalom，1980；Deurzen，2002，2010；Cohn 1997；Spinelli，2005，2009；Strasser，1999）。需要说明的是，这些文献中没有一本书明确地阐述存在主义治疗的技巧，也许这些作者都意识到，如果想对他们所秉持的心理治疗理念与方法从根源和结果上做出客观而公正的判断，并且试图总结一种必须保持松散定义的做法是不明智的。也许我们正走在大师们以前不敢涉足的研究道路上，但鉴于目前心理治疗的体系和规则，存在主义治疗流派为自己发声以阐明其原则、方法和技能是很重要的工作。话虽如此，我们仍然需要牢记，存在主义治疗取向的最终目标是超越这些原则、方法和技能。它最终仍将以自由为基础。

当你阅读本书时，其中的很多建议和方法只有你付诸实践时才能发生效力，书中的插图和案例就是为此而设计的。因为这些素材涉及保密性问题，因此本书使用的所有案例都是虚构的。虽然这些案例不具备历史真实性，但我们相信它们有被叙述和存在的必要性。正如毕加索所说，我们都知道艺术不是真理，艺术是帮我们认识真理的谎言（Fry，1966：165），正如小说是一个帮助我们看清真相的谎言。因此，本书所有的案例都是直接来源于经验，而且是完全虚构的。如果其中有哪个案例给某位读者敲响了警钟，那么这就是我们成功地用谎言道出了真理的证明。

借用许多小说和电影中出现的声明——本故事纯属虚构，如有雷同纯属巧合。

存在主义
治疗框架

唯有变化才是永恒的。

——叔本华

理论背景与历史

存在主义治疗介绍

人类社会自产生以来，人们一直在追问的终极问题也是存在主义哲学家们所讨论的问题，令人遗憾的是迄今为止他们仍然没有找到令人满意的答案。这些他们既熟悉又充满困惑的问题包括：

- 生命意味着什么？
- 生命的状态为什么是存在，而不是虚无？
- 在人际互动中，恰如其分的个体行为是什么？
- 人的一生应该如何度过才有意义？
- 人死后将会发生什么？

以上问题不仅是普通人共同关心的问题，也是心理治疗中来访者所关注的问题。

尽管人们对存在主义的概念并不陌生，但存在主义观点在心理治疗中并不广为人知，其原因如下：

第一，存在主义治疗没有一个大家都一致认同的创始人，比如它没有像弗洛伊德、罗杰斯、珀尔斯或巴甫洛夫等一样的公认的创始人。

第二，它的根源在哲学，尽管哲学与生活有着密切的联系和悠久的历史，但它始终是一门颇具学术性的学科。所有的治疗观点都有哲学基础，但很少有人承认这一点。基于他们的实践训练，大多数治疗师和咨询师不习惯用哲学的方式探讨问题。他们往往侧重于心理和行为症状或专业互动的具体方面。

虽然所有的存在主义思想家都有共同的哲学立场，但他们可以持有不同的观点，正是这种活力和多样性赋予了存在主义治疗独特的力量和韧性。然而，正是这种相似性使我们能够识别出存在主义咨询和治疗的特征与干预措施，我们将在下节中对此做出描述。我们将专注于如何从哲学的角度探索来访者的人性问题。

正如在导言中所说，试图描述“存在主义技能”是有问题的，因为我们通常避免系统化和技术化，而倾向于个人的自由和责任。存在主义治疗师不愿意说：“这就是你的存在主义治疗方式”，因为存在主义治疗的核心原则之一是每个治疗师都必须创造自己的工作方式。但这绝对不是一场混战。存在主义治疗是一种对意义的探究，任何非系统的探究都会导致偶然的结果，并会受到研究者希望发现的东西的影响。因此，它有独特的结构、行动、训练有素的干预和特殊的技能来指导这一活动。而存在主义治疗师的任务就是把这些要素变成他们自己独特的治疗方式。它们建立在同样广泛的现象学研究结构基础上。的确，存在主义哲学是现象学研究方法应用于存在主义研究的结果。

在我们进一步讨论之前，需要注意一些专业词汇。许多日常用语，如“选择”和“焦虑”，在存在主义传统中有特殊的意义，这需要牢记于心。相反，许多不常见的词，如“在世”或“被抛入”，听起来令人望而生畏，但实际上是指熟悉的经验。这些也将在本书进行说明。

“哲学”是什么

那么，当我们用哲学来描述心理治疗的存在主义方法时，意味着什么呢？很多哲学著作可供治疗师参考，但并非所有的哲学著作都是可以参考的，因为它们并不都涉及人类或道德问题。早期的希腊哲学、东方哲学以及19世纪、20世纪的欧陆哲学都与此相关。大多数的分析哲学都与治疗无关。咨询师和治疗师希望以存在主义的方式工作并不一定要寻找文学和哲学依据。但他们在思考人生的过程中必须借助一些哲学方法。

其他治疗方法主要是生理心理治疗、心理治疗、社会心理治疗、智力治疗或精神治疗，一般忽视哲学治疗。它们还侧重于关注个人内部或人与人之间的关系，但很少考虑人的状况及其更广泛的哲学和社会政治背景。大多数的治疗方法都把重点放在有问题的地方，并将其用病理学描述出来，表明他们的目标是治愈这个人。他们主要关注的是个体内部心理因素和人际因素。虽然存在主义治疗有时候也可以容纳这些因素，但它的视野更广，已经超越了个体层面延伸到生命本身。它关注的是真理和现实的本质，而不是人格、疾病或治疗。因此，比起思考功能和功能障碍，它更倾向于思考一个人是否有能力应对生活给我们带来的不可避免的挑战。

虽然存在主义的方法涉及思想，但它不像填字游戏那样简单，当然也不像数学那样抽象。了解生命对于生存至关重要，就像了解说话、走路、呼吸或进食的能力一样重要。它既实用又具体。只有生活才是老师，思想是没用的，除非它们能对我们的生活产生积极的影响。

基于经验的行动是每个人的第一语言。从这个意义上说，存在主义治疗是哲学在日常生活中的实际应用。它是在生命的约束和权衡各种可能性后富有成效和创造性地生活。与存在主义思想打交道需要我们勇敢地重视多样性而不是统一性、具体性而不是抽象性、开放式的困境而不是简单的答案，以及亲自发现和努力赢得对先前存在的教条和既定权力的胜利。

从根本上说，存在主义治疗师的技巧首先是刻在德尔斐的阿波罗神庙上的那句话“认识你自己”，因为只有在我们了解我们自己和我们与人类存在的关系时，我们才能理解任何一个人或任何东西。这意味着我们作为治疗师的主要工具是我们自己和我们对生活的了解，而不是理论或技术。

但即便如此，要真正操作起来并不那么简单，因为我们总是在变化，而且一个基本的事实是，我们总是处在与他人的关系中。这意味着，在做出个人决定时，不能忽视别人的需要，即使独自一人，也不能一意孤行。这是一个悖论。

“存在主义”是什么

德国哲学家海德格尔和法国哲学家让-保罗·萨特都认为存在先于本质。这意味着，人的“存在”在先，“本质”在后。首先是人的存在、露面、出场，后来才说明自身。其次，我们总是在变化的过程中。人最重要的特征是动态的、活着的、自我反思的和变化的，即我们存在，我们活着，我们可以转化自己、意识和学习。例如，这本书的精髓在于它是讲述存在主义疗法的技巧。但这本书将永远是这本书，它不会改变，也无从改变。人在不同的时期是不同的。我们是能动的、反应的和互动的。从某种意义上说，人的本质是其化学成分，如人的身上70%[1] 左右是水。从另一个意义上说，人是遗传的结果，由父母的各一半基因组成。或者从另一种意义上，可以说我们是早期经历和教育的结果。或

1 这个比例在不同年龄的人身上是不同的，比如儿童是85%左右，成年人是75%，老人是65%。——译者注

者可以说人的生命体验不过是大脑中的生化反应的记录仪。但从存在的意义上讲，人显然远远超过了任何所有这一切。

让我们补充完整以下句子：

从根本上说，人是……

如果我们说本质先于存在的话，它可以根据人对人性的理解有不同的表现方式，例如：

从根本上说，人是一串DNA代码，或

从根本上说，人是自私的，或

从根本上说，人是社会性的存在，或

从根本上说，人是按照神的形象和样式塑造的。

我们可以用许多不同的方式来讨论人的本质，这就解释了为什么心理治疗有这么多的理论，因为他们都认为本质先于存在，而且他们对构成这一本质的因素有不同的看法。

但是，如果存在确实先于本质，则上述句子会归结为一个终极真理：

从根本上说，人是……

我们的存在和存在方式决定了事物的本质，而反过来却行不通。这是所有存在主义哲学家的第一个共识：他们最关心的是人的存在。这也是存在主义治疗最显著的特征。如果接受这个前提，就可以称某种治疗方法为存在主义治疗。

当然，无论如何，事情远没有结束。如果人没有固定的本质，那么他们的生活就变成了个人的解释、责任和选择的问题。我们的本质、本性和自我意识，实际上是随着时间推移而演变的，是我们解释基本的构成、界限、存在的结果。我们认为它是固定的，是因为它唤起了太多的焦虑（存在的焦虑）以至于无法承认其固有的灵活性和流动性。

思考和反思我们存在的约束条件的能力创造了一种自我意识，恰恰是这种反思在我们成为什么样的人的过程中扮演了重要的角色。我们的认知让我们能够选择是让自己被环境所定义，还是选择找一种方式来迎接生活的挑战。

练习

列出你认为你拥有的六种不同的身份、特点或才能。例如：

父母	园丁	双语使用者
儿子/女儿	治疗师	学生

现在请逐一思考，想象一下如果没有这些特征，你的生活将会是怎样的？在完全处理完上一个任务之前，不要进入下一个。这可能很难想象，但也不是不可能做到，它会唤起一些强烈的情感，我们对这些身份非常依恋。事实上，我们常常想象他们就是我们的全部。然而——我们（拥有的）比这更多（或者也许更恰当地说是更少）——即使没有这些特征我们仍然是这样的，我们仍然存在。你可能会发现，在练习结束，所有的特殊身份都被暂时搁置时，你突然意识到自己的存在！

人类的存在和自身独特的思考能力使我们不同于其他动物和物体，但它的代价是：个人的责任。

存在主义治疗的哲学目的

人的问题一直是希腊哲学的焦点，希腊神话基本上就是解释如何理解和处理这些问题的故事，就像《圣经》故事一样。希腊哲学（意为“爱智慧”）更理性、更有效地探讨了这些问题。它确实是对人类存在的智慧的探索，将带领我们超越神话。归根结底，存在主义治疗是一种当代形式的实用和应用哲学，旨在帮助人们获得智慧，以更高的知觉和理解去领会并过好他们的生活。治疗师通过审慎提问，筛选情感、经验和直觉以帮助人们清晰地思考和洞察。

人存在的意义不是（关于）心理或生理上的，而是哲学上的。存在主义治疗师的任务是让哲学思考指导实践，并满足人类追求美好生活的愿望。治疗师的目标是与来访者合作，以开放和欣赏的态度寻求真理，而不是将来访者公然或秘密地纳入既定的解释框架。这意味着我们必须为审视我们对生活的假设做好准备。

存在主义治疗方法使人们学会在重要的问题上进行哲学思考，例如，活着意味着什么？它要求治疗师和来访者都有意识地运用这些思考确定我们“在世界”上的地位，并根据真理和现实来评估结果。当我们全心全意地这样做时，它就变成了一种享受生活的方式。与其在把我们的困难降到最低上做出努力，还不如学会将其看成我们顿悟的时刻去欣赏它们。

练习

想想你对某人的评价是错误的时候：回想一下这个错误的判断是如何发生的？但不是评判自己。只需观察你自己的假设和偏见形成的过程。

- 你是如何得出关于别人的结论的？
- 你如何判断某件事是正确的或真实的？
- 你用什么原则来指导你的决定？它们从何而来？

苏格拉底和柏拉图建立了系统思考人的问题的传统。他们的目标始终是帮助人们按照合理的原则过上更好的生活，寻求美好和真实的生活。苏格拉底将其命名为“苏格拉底教学法”，即教师扮演助产士的角色，使学生形成自己对世界的理解。哲学教师与学生的对话始终是合作与批判的、遵循有序的、慎重的和清晰的。教师（治疗师）和学生（来访者）都是主动的和独立的，但教师能够提供有经验的指导。

很明显，在这样做的时候，让专家指导我们反思自己是很有帮助的，尤其是当这种反思涉及我们必须正视自己的一些错误和偏见时。我们需要另外的一双眼睛才能看得更清楚。当然，我们可以从那些思考人类存在复杂性的哲学家的研究中得到一些启示，但是如果没有另一个人在场，我们会受限于自己狭隘的视野。

要点

■ 存在主义哲学家关注的是活着意味着什么。

■ “我们存在”比“我们是什么”更为根本。

■ 寻求存在主义治疗师与来访者一起工作的真相，类似于哲学研究项目，不能轻描淡写地进行，需要双方全力以赴地承诺和参与。

■ 虽然人们一直在寻找能够改善生活质量的生存模式，但没有任何一种模式得到广泛认可。

■ 存在主义咨询师将试图与来访者的世界观产生共鸣并表达意见。

■ 鼓励来访者探索支撑人类生活的极端观点和悖论，特别是他们自己的生活。

■ 这个过程将包括仔细描述来访者的经历，并充分探索其影响、原因、目的和后果，所有的解释都必须得到验证。

■ 人们认识到对话和交流的重要性，在这种情况下，每个人都是平等的，都能够从合作探索中获益。

■ 必须有意愿检验关于人类生活的假设，并根据新发现来修订这些假设。

一些主要的存在主义哲学家

以下是按时间顺序排列的短篇传记，让我们了解存在主义思想的多样性。

索伦·克尔凯郭尔（Søren Kierkegaard，1813—1855）是丹麦哲学家，他有时被称为“存在主义思想之父”。他常常用笔名发表文章，并对他所看到的19世纪资产阶级社会的一致性质疑，尤其是基督教的虚伪解释。他主张从焦虑和绝望中学习，把主观真理看得比既定真理更重要。他认为，我们都必须先学会审美地生活，然后学会有道德地生活，但为了学会独立思考，我们需要敢于怀疑，直到我们能够跨越信仰，找到自己对上帝的个人感觉和与上帝的关系。

弗里德里希·尼采（Friedrich Nietzsche，1844—1900）是德国哲学家，他以诗歌和修辞的方式写作，抨击其所谓同胞的从众心理。作为一个成功的反传统主义者，他反对所有的制度，特别是承载着价值观的制度。他以“上帝已死”这句话而闻名。他说，每个人都必须不懈地质疑，以追求一种超越既定价值观的真理和现实。我们必须重新评价对与错，并成为他自己所说的“自主超人”，即一个创造自己的价值观和道德观，并过充满激情和个人肯定力量的生活的人。

埃德蒙德·胡塞尔（Edmund Husserl，1859—1938）是一位逻辑学家和数学家，他设计了一种新的方法来描述和理解所有的现象和意识行为，包括意识本身。他把这一过程称为“现象学”，即回到事情本身和揭示现象的本质结构的科学。他说，意识始终是对某事物的意识，不能脱离它的客体，这就是意向性原则。现象学是一种使我们更清楚地认识身体、个人、社会和伦理处境的方法，并且借助直觉抓住事物的本质。

马丁·布伯（Martin Buber，1878—1965）是奥地利犹太人、哲学家和神学家。他强调，人的存在从根本上讲是关系性的。他提出了“我-你”和“我-它”关系模式，后者更像我们日常生活中与接触对象的关系，只是一种经验和利用关系，具有距离性、偏爱性和剥削性的特点。前者是建立在全面、开放评价的基础上，与另一个整体建立联系。他描述了两个人之间空间的重要性，因为它是由两人共同创造的，所以两个人都可以改变他们的合作质量。

卡尔·雅斯贝尔斯（Karl Jaspers，1883—1969）是德国精神病学家和哲学家，他和胡塞尔一样，对用科学洞察人类状况的能力感到不满。他强调一种永恒困境，即人们需要一种“世界观”以避免因缺乏世界观而感到绝望，又强调交流的救赎力量。他认为，正是在死亡、内疚、自责、自我怀疑和失败等不可避免的“极限困境”中，我们才会想起我们的存在。他还谈到，意识到我们存在的综合因素的重要性，这些因素超越了我们的日常事务。

保罗·蒂利希（Paul Tillich，1886—1965）是德国出生的

新教神学家，1930 年赴美国。他提倡勇敢面对不存在的焦虑，并区分“存在的”和“神经质”焦虑。蒂利希对上帝的定义是：上帝是我们日常生活中与现实相适应的现实象征。他是罗洛 · 梅的老师，激励了梅的工作。

加布里埃尔 · 马塞尔（Gabriel Marcel，1889—1973）是法国哲学家和剧作家。他指出存在的基本奥秘、对他人开放的重要性，以及正常生活要求人们对人类生存所追求的和谐充满信心的信念。他谈到了对我们自己、对生命、对彼此的忠诚，以及无论将来会发生什么，都要做好忠诚的准备。

马丁 · 海德格尔（Martin Heidgroger，1889—1976）是德国哲学家，是存在主义思想家中最有影响力的人物之一。他的作品强调了人要有坚定的意志，例如我们不得不面临的死亡焦虑问题。他还强调了他所谓的存在的基础，并认为人必须是存在的守护者或牧羊人。他与瑞士精神科医生梅达尔的老板一起工作到晚年，同时也影响了弗洛伊德的同事路德维希 · 宾斯万格。

让-保罗 · 萨特（Jean Paul Sartre，1905—1980）是法国哲学家、小说家、剧作家和政治活动家。从他的小说和戏剧来看，他大概是最著名的存在主义哲学家。他创造了“存在主义”一词，是唯一一个积极声称自己是存在主义者的人。他强调了存在的核心是虚无，并推导出人从根本上是自由的。他认为大多数人试图逃避这种自由，而生活在自我欺骗当中。他认为自由的命运也意味着有所选择，做出了选择就要独自承担责任，因为行动决定本质。我们没有理由不积极地定义我们的人生计划。他对人类关系的描述从争夺主体性的斗争本质，转向一种更具协作的人际互动模式。

西蒙娜·德·波伏娃（Simone de Beauvoir，1908—1986）是哲学家，主要以对女权主义的贡献和阐述存在主义主题的小说而闻名。她在性、性别和老年问题上做出了开创性的贡献。她写了关于自由和偶然性的伦理学，并谈到了生活的不确定性，以及在每一个新的情况下准备做出新的道德选择的重要性。

莫里斯·梅洛·庞蒂（Maurice Merleu Ponty，1908—1961）是法国哲学家和现象学家，他强调人存在的本质。他强调了主体间性的概念，即自我与他者之间并不存在真正的分离。他表明，如果我们停止客观化，将我们与我们的经验分离，并意识到所有人类经验中错综复杂的歧义，我们就能以不同的方式思考这个世界。

阿尔贝·加缪（Albert Camus，1913—1960）是以小说著称的法国小说家和哲学家，和波伏娃一样。他强调，让人生有价值的是人类追求人生意义而世界却无意义的荒诞性，以及承担人生无意义的勇气。他认为，正是这种担当本身创造了意义。

人的生存限度：存在的根源

这些作者一致认为，人的生命是有限的，这是我们必须面对的基本挑战。我们被抛进这个世界，必须接受我们存在的无可争辩的事实。

我们所谓的“抛进”，是指我们存在的某些事实是毫无选择地强加在我们身上的，例如，我们的基因组成、家庭、性别、种族和文化，以及我们出生在一个地方等事实。我们被抛进了一个有特色和局限的世界。我们的任务是用已经得到的东西去创造其他东西。抱怨没有得到一手好牌的人，将在生活中一事无成。我们要凭自己的本事去努力奋斗。

存在的四个维度

存在主义的人格理论并没有把人分成不同的类型或试图给他们贴上标签。相反，这里描述了来自不同文化背景的人，以不同的方式面对不同维度的存在。这些是人类存在的要素。

一个人“在世界”上任何一个特定时间的生活方式都可以在人类存在的总地图上标出（Binswanger，1963; Yalom，1980; Deurzen，2010），它区分了四个基本维度，或人类存在的世界。四个维度在图1.1中表示为同心空间，外层表示身体维度；下面的层次是社会维度，其次是个人维度，内在是精神核心。当我们

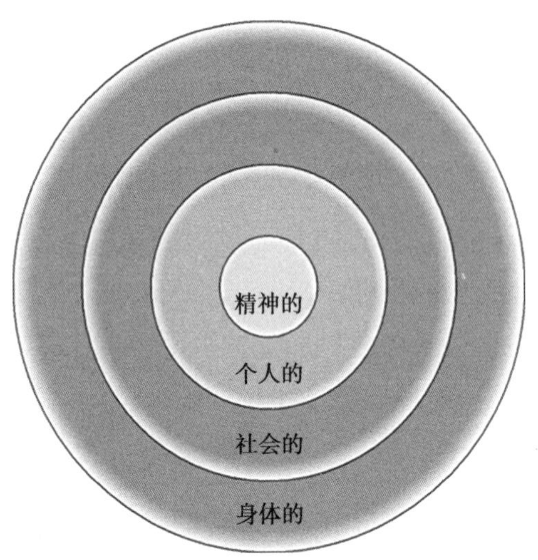

图 1.1　生活的四个维度

采用这一范围时，它给我们提供了一张生命的四个维度的地图。当然，在现实中，这些存在领域是相互交织的，永远不会像这张图所显示的那样井然有序或彼此分开。对不同的人而言，其相互交织的方式是不同的。在我们的实践中，这是一个有用的工具，它不仅提醒我们存在的同时多维性，而且提醒着我们来访者目前在谈论哪些方面，或许更重要的是他们没有谈论哪些方面。地图只是我们用来定位和指导自己的。我们必须注意不要把地图和领土弄混淆。

每个维度也被称为终极关怀，它包括我们在生活中从事各种行动所带来的挑战以及仅仅由于其无法解决时而产生的焦虑。矛盾之处在于，参与（过程中）会导致必然找到克服和超越它的决心。

身体层面

在身体层面上，我们与周围的环境和自然世界有关。这是我们世界关系的外环，包括我们的肉体、我们所处的具体环境、气候和天气、物体和物质财产、健康和疾病等，以及我们与自己必死的命运的关系。

从一般意义上讲，身体层面的斗争是在寻求对生存元素和自然法则的支配（如在技术或体育方面）和接受自然边界的限制（如在生态学或老年方面）之间进行的。虽然人们通常是通过健康和财富来寻求这个层面上的安全，但生活中的很多事情使他们逐渐失望，并认识到这样的安全只能是暂时的。身体上的疾病，无论大小，都能够提醒我们身为人类的脆弱。

生命的最初几年主要关注身体，通过满足身体需求和身体安全来生存。这就是爱在这个阶段的意义：提供身体的舒适、满足和安全。出生是身体存在的开始，死亡是终结，而生命是两者之间的空间。我们常常在年老时回到这种状态，需要别人给予我们的身体护理和安全保障。矛盾的是，虽然每个人都渴望活得久，但很少人希望变老。也许因为我们都知道它会发生，所以我们尽量不去想太多。我们表现的就好像我们长生不老。

虽然我们知道死亡终会到来，但我们永远也不知道它将会在何时何地发生。大多数人都会同意伍迪·艾伦的观点，他说：“死亡并不是真的让我那么担心，我并不害怕死亡……我只是不想在死亡发生的时候出现在那里。”

当我们和朋友告别时，我们说“再见”，其实是希望“再次相见”。我们必须鼓起勇气继续前行，就好像很快就会“再次相见”。我们不能真的永远活着，这是由基因、身体状况和机遇共同决定的，但我们可以选择生活态度，它与我们看待死亡的方式密切相关。为了真正地活着，我们都需要确定自己与死亡的关系。

矛盾的是，虽然肉体陨灭会使我们死亡，但拒绝接受死亡会毁掉我们余下的生活，而终将死亡的想法会拯救我们，因为它促使我们更智慧、更充实地活着。

无法解决的难题是，死亡是我们生活中不变的事实，我们要么欢迎，要么排斥。每当有事物终结的时候，我们都会想起这点。当下所希望的和未来将失去都将如同我们当初希望避免或推迟死亡的发生那般，铭刻在我们心中。正是在探索存在的物理限制时，我们才发现了社会世界。

练习

和你的搭档任意选择以下一个话题谈论五分钟。你的搭档只需要倾听，而无须打断或问你任何问题。事后回想一下当时的情形。你说了你想说的话了吗？

- 当你或你亲近的人上次生病时是什么感觉？
- 你上次发生危及你生命的事故是什么样子的？
- 你想在死前做些什么？
- 描述一下你的身体状况。

社会层面

在社会层面，我们与他人建立联系，并与周围世界互动。这个层面包括对我们生活的文化的反应，以及对我们所属的阶级和种族的反应，也包括对那些我们不属于的种族的反应。

这涉及世界上其他人的存在和与他们相处的必要性。一方面，有时不和他人打交道似乎更容易；另一方面，我们需要他人来维持我们身体和情感上的生存，而且我们往往会想念他人，或因身边没有他们感到孤独。

我们迟早都要面对孤独，没人能知道内心深处的自己是什么样的。尽管如此，我们的过去、现在和未来都与其他人息息相关，虽然我们都非常相像，但我们都将永远与他人分离。因此我们需要他人，需要他人的理解，同时也需要理解他人。每次与我们的重要他人见面或分开时，我们都会常常地体会到这一点。

每个人都有独立的身体和意识，我们在冲突或合作中遇到了其他人。通过获得名誉或其他形式的权力，我们可以取得对他人的支配地位，但这只是暂时的。因此，悖论在于，意识到我们的分离可以帮助我们理解和尊重他人。

这是一个两难的问题，因为我们需要个性，同时又需要成为整体的一部分。聚变和裂变是我们与他人关系的两个不可避免的两极。

练习

和你的搭档任意选择以下一个话题谈论五分钟。你的搭档只需要倾听，而无须打断或问你任何问题。事后回想一下当时的情形。你说了你想说的话了吗？或者你自己感到惊讶吗？

- 一夫一妻制。
- 你有过的或曾经有过的关系。
- 孤身一人在荒岛上。
- 你的社会性存在。

个人层面

与自己的关系是指拥有一个关于一个人的性格、过去的经历和未来可能性的内心世界。人们总是寻找一种充实的感觉，一个自信的自我，但是生活事件会提醒我们个人的弱点，当意识到事情并没有按我们计划的那样发展时，我们会陷入困惑，甚至有些人会对自己的身份感到困惑。

我们经常表现得好像生活中有一本规则之书，并到处寻找它，包括去找心理咨询师或心理治疗师。矛盾的是，只有当我们发现没有规则之书时，才会意识到个人层面。每当我们面对意想不到的事情时，就会产生这种可能性，由于它会引起焦虑，我们可能会试图用分散注意力和服用处方药物或非处方药物的方式平息焦虑，直到我们经过多次回避和否认之后，才发现，如果我们想要真正清醒和掌控自己的生活，对自己所做的决定负责才是唯一的出路。萨特（Sartre，2003）说，"人注定是自由的"。他所说的'注定'，是指我们不能逃避自由。我们唯一没有的选择就是不做选择。只有当一个人为自己的选择负责时，他们才能真正了解自己的行为、权力以及生活的意义。

误解责任有两种方式：一种是承担自己没有责任的事情，另一种是推卸自己有责任的事情。其中的一种是生活中大多数痛苦的原因（除了那些突然袭击我们的重大灾难之外）。

人类最基本的自由是对自己的行为负责。自由从来不是一种没有责任的自由。承担责任的一个先决条件是，人需要承认他们可以在现实的约束下自由地做出决定。对存在主义治疗师来说，选择更多意味着的是对行动过程的承诺。当一个人可以自由选择并为自己的选择负责时，他就已经享有了获得利益的权利。

如果人的一生只是简单的因果过程，那么就不会有创造力或想象力，所有的生命都将是机械的、预先设定好的。

矛盾的是，当意识到自己是软弱、脆弱的，并且没有外在规则指导时，我们可以培养责任感、毅力和个人力量。只要我们表现得好像是无懈可击的，我们就无法接受作为一个人的脆弱。

一个无法解决的问题是，即使我们做出了选择，我们仍然在寻找一些不变的原则来生活。

练习

和你的搭档任意选择以下一个话题谈论五分钟。你的搭档只需要倾听，而无须打断或问你任何问题。事后回想一下当时的情形。你说了你想说的话了吗？

■ 当你想到自由这个概念时，首先想到的是什么？

■ 描述最近一段时间，事情并没有按你希望的那样发展，感觉如何？

■ 描述你最近一次说“我没办法”或“他们让我这么做”。

■ 描述你最后一次撒谎。

■ 描述你自己。

精神层面

在精神层面上，我们与未知联系起来，从而创造了一种理想世界和个人价值体系。正是在精神层面，我们通过反思来发现意义和目的。

在近500年的西方文明史，逐渐削弱了我们在宇宙中的特殊性。首先，哥白尼和伽利略指出，地球不是宇宙的中心，而是围绕太阳运行的一颗行星。我们发现，有许多这样的太阳系，地球绝不是宇宙的中心。其次，达尔文证明我们只是众多物种中的一个，是从同一个基因库里通过自然选择进化而来的。最后，像爱因斯坦和海森堡这样的理论物理学家将知识的客观确定性的概念打破，并用不确定性、相对论和意向性的观点取代了这一概念。这与存在主义哲学家的发现类似，他们主张以一种全新的方式来面对我们所获得的关于世界的新信息。在某种意义上，人生就是创造意义，精神层面是存在主义疗法的中轴线。

对于生活中的每件事是如何自洽的，我们会不由自主地产生一定的信念和想法。这是我们的世界观。它将我们定位于这个世界，定义了我们对这个世界的态度，并允许我们去创造意义。我们的价值体系给我们一种是非感，使我们能够成功地实现希腊人所说的“美好生活”。我们愿意相信这是绝对的或“上帝赋予的”始终适用的原则。但是，我们遇到了无数的障碍，让我们想放弃，并逐渐认识到，我们赖以生存的价值体系是由我们自己定义的，并且不是绝对的。这就是所谓的荒谬。无意义和荒谬是常见的经历，我们大多数人害怕这些，所以我们会不惜一切避免它们。

对有些人来说，精神层面是通过一种规范的世界观来实现的，就像宗教的教条一样，对其他人来说，精神层面更像是个人的看法。人类根据一些重要到足以让他们为之生或为之死的东西来创造自己的价值，这些价值甚至是最终和普遍有效的。通常，存在的目的是超越死亡的，就像是为人类做出了有价值的贡献。一夜成名可以被看作一种简单但有缺陷的不朽。

面对虚空和虚无的可能性，是这场永恒的追求中不可或缺的对应物。在这个层面上必须面对的矛盾是目的与荒谬、希望以及绝望之间的紧张关系。

练习

和你的搭档任意选择以下一个话题谈论五分钟。你的搭档只需要倾听，而无须打断或问你任何问题。事后回想一下当时的情形。

■ 你说了你想说的话吗?

■ 有时，我被别人以我不想的方式对待我。

■ 对于我父母的价值观：哪些是我接受的，哪些是我无法容忍的?

■ 一些我曾经相信，但不再坚持的东西。

■ 我想给谁写一封感谢信，或从谁那里收到感谢信？为什么?

■ 探讨我对死后发生的事情的看法。

■ 描述自己的精神状态。

存在主义的宗教观

存在主义哲学家如布伯和蒂利希探讨了人类生活的宗教层面，而尼采和萨特等人则极力反对这一观点。人们常说上帝在关注着他们，支持着他们，他们觉得自己与比人类更伟大的事物有联系。其他人是不可知论者或无神论者。我们所相信的与灵性的存在主义探索相一致。重要的是要知道人们是如何看待他们与一个比自己更伟大的现实的联系，无论是社会、存在、宇宙、上帝还是爱的原则。对于那些根本不相信存在超然之物的人来说，他们会觉得自己没有受到庇护。他们甚至可能感到被抛弃或被迫害，并试图控制事态。他们脱离了与世界的联系——海德格尔所说的“在场”。我们始终是我们自己的一部分，也是别人世界的一部分。因此，没有一种力量既不“在那里”也不“在这里”，而是同时存在于我们内心和外部。我们既是独立的，又是联系的。

这种连通性的力量或原则不是介入的实体。它就是这样。存在这一点是值得信任的，如果我们能够信任自己和他人，并接受我们集体动态的不确定性，我们将能够利用生活提供的机会，也将能够承担起这些责任。“匿名戒酒会”的建立是基于这样一种观点，即成瘾者的生活中缺乏精神层面。匿名戒酒会被一些药物成瘾者拒绝，他们错误地认为匿名戒酒会是建立在宗教教义基础上，并且被错误想法所威胁。事实上，它是建立在自我和他人之间的联系和信任的基础之上的。这就是精神存在的意义。

与之相矛盾的是，意识到生命中并不存在宏大的设计，会引导我们认识到生活有更多的可能性，并激励我们建立自己的道德体系，从而使我们的生活有意义。

无法解决的困境是，即使我们开始接受我们存在的相对性，我们对终极意义和目标的需求依然存在。

要点

- 我们同时生活在四个不同的维度中：身体、社会、个体和精神。
- 每一个维度都给我们带来了不同的困境和挑战，它们只能暂时被解决
- 如果我们不承认这些维度的影响和重要性，我们的生活将变得不平衡。

活在当下

在存在主义中，我们认为时间有两个维度。有时钟时间，顾名思义，是用时钟来衡量的，是规则的、线性的。后一分钟跟前一分钟的速度一样，并且永远都是如此。

还有存在时间，更准确地说，我们是暂时的，也是即时的。它

是决定我们存在的时间概念，从我们出生，到我们死去。我们生活在一个不断变化的当下，它在我们的过去和未来中前进。从这个意义上说，过去和未来都包含在现在之中。当我们谈论现在的时候，我们指的是一个包含了所有已经发生的和将要发生的一切的现在。过去和未来在现在相遇。我们能理解这一点就会认识到，我们的方式并不是由过去决定的，因为过去是可以改变的。一个简单的例子是，当我们快乐的时候，我们会更容易记住我们曾经的快乐时光，悲伤的时光也是如此。摒弃我们是由过去决定的观点，既给了我们自由，也带来了改变的责任。如果说有什么不同的话，那就是未来是主要的，因为我们总是意识到死亡的必然性和如何在我们死前过上有意义的生活的问题。

要点

- 现在包括过去和未来。
- 要认识到我们可以拥有自己的过去和未来，而不是感到这是强加给我们的。因此，我们成为生活的积极创造者，而不是被动的接受者。

活在矛盾中

所有的人生矛盾都与存在的四个维度中的一个或多个维度有关，而来访者往往试图用其中一种维度来解决问题。大多数解决问题的技术都涉及这一点。但是，要想在诸如“我应该这样做还是应该那样做”之类的备选方案中做出决定，并不能通过花言巧语或争论来解决。在确定性是可取的、事情是清楚的以及解决方案是永久有效的情况下，辞藻是有用的。辩证的决策通常更适用于解决人类社会特有的问题，例如关于理解、处理和最终对行动方案的个人承诺。

在辩证法中，一个最初的观点或论题“我应该这样做吗……”会产生一个反命题或抗辩“还是应该那样做……”——而这两者的对立则由包含了两者的元素，但与两者都不同的方法来解决的。这种综合就成了一个新命题。对苏格拉底来说，这是一种通过对话来克服对立，以接近真理的手段。

存在主义治疗是通过辩证地面对冲突和对立，学会容忍歧义和意外，从而达到一种综合。由于存在的动态性，这种综合总是暂时的。

事实上，这种模糊性使生活变得精彩，如果我们能够从容应对生活中存在的矛盾，并容忍随之而来的焦虑，那么我们就有可能过上更满意的生活。

表 1.1 列出了我们经常面对的矛盾。只有当我们面对每一个层次的基本挑战，我们才能获得新的力量。如果我们试图避免它，我们就会失去更多。

表 1.1　人类存在的矛盾

	挑战 勇敢地面对	潜在的 收获	潜在的 损失
身体的	死亡	生活充实	死气沉沉的生活或持续的恐惧
社会的	分离和 孤独感	理解和 被理解	欺负或被欺负； 依恋
个人的	脆弱性和 弱点	发现耐力和 优点	自我中心、自恋和 自毁性
精神的	无意义	创造一种生活的道德体系	狂热主义、原教旨主义

要点

- 生活是一个谜，而不是一个需要解决的问题。
- 矛盾只能用一种方式来处理，而且永远不能被彻底解决。
- 我们必须正视我们的困难。

焦虑与既定的存在

意识到这些既定的存在，就会产生存在主义哲学家所说的焦虑、恐惧、本体论焦虑或存在焦虑。在存在主义中，焦虑是用大写的“A”来表示的，以区别于我们日常熟悉的用小“a”表示的焦虑。这是一个理论概念，没有人感觉到这样的焦虑。相反，我们每天的每一种焦虑或忧虑，无论大小，都可能与一个或多个基本矛盾有关。因为这些不能被消除，只能回避或拒绝，生命的任务是欣赏、理解和与之共存。海德格尔说，如果我们过于远离生活中的忧虑，我们就会被“良心的呼唤”拉回到现实中来。生活永远不是完全安全的，正是与生活中的矛盾和困境的接触，使人类的存在具有了激情和活着的感觉。也正是在如此紧张的关系中，我们才找到了所有真正创造力的源泉。焦虑是一位老师，而不是一个障碍或需要消除或避免的东西。

人本主义心理学认为，人被吸引去实现他们的潜力，似乎有一种向善的力量在推动人前进，就像一粒寻求生长的种子。存在主义的观点是截然不同的。这四个维度中的每一维度的矛盾和困境都给我们的生活设定了边界，由此产生的紧张情绪激励人们以各种方式去探索边界内的空间。成长不一定是积极的，改变也未必是好事。我们必须睁大眼睛，了解存在的各种可能性和危险，并选择我们的道路。在这个过程中产生了存在，没有我们的不断渴望和绝望、跌宕起伏、依恋和失落，人生就没有意义。

要点

■ 焦虑渗透到生活的各个方面，参与而不是回避或否定它所赋予的生活激情和意义。

心灵和身体

当代思维鼓励我们不仅要相信身体与世界是分开的，还要相信心灵与身体是分开的。但是，想象一个没有心灵的身体就如同想象一个没有身体的心灵一样困难。

我们陷入这种混乱，是因为我们已经将注意力从我们的经验中转移到一个独立物质主体的抽象概念中，它就像机器一样，但是它内部是有感觉、思维和想法的。

存在主义治疗师不接受心灵、身体和世界之间的功能性区分，他们更愿意把人看作一种有实体的意识，它能够在一定的背景下对自己进行反思。

事实上，我们最基本的互动模式是与世界互动。我们的身份、我们看待自己的方式与这个世界是分不开的。我们的世界观就是建立在这个世界，包括从这个个体角度所看到的世界。它不仅仅是我们对这个世界的看法，也是我们对这个世界的体验和理解，我们也是这个世界的一部分。

它不仅仅是一种认知，更像是一种我们共同吸收和散发的氛围。

事实上，我们认为这是理所当然的，我们常常不知道我们感知世界的特殊方式。在艺术中，透视既指对世界的看法，也指从当下对世界的看法。

我们身体的本质决定了我们世界观的本质。科技的兴起促成了身体与世界的分离。在19世纪晚期（即科学时代的开始）之前，所有的测量都是从身体的角度来进行的，例如，一英寸是拇指的宽度，一英尺是一个成年人脚的长度，一浪是耕田队在不休息的情况下可以耕的一块田的长度，人人都知道这些。随着标准化和客观测量的出现，这种与身体的联系已经消失了。

有很多我们经常不假思索使用的短语，是我们通过身体与世界互动的方式。我们将某人的弱点称为“阿喀琉斯之踵”，源于希腊神话。当我们感到自信时，我们会说“胸有成竹”；当我们快乐的时候，我们会感到“轻松”；当我们沮丧时，我们会感到“沉重”。

当我们还是孩子的时候，操场在我们记忆中是那么大，当我们长大后再回到那，会惊讶地发现，它并不像我们记忆中的那么大。因为当时我们很小，所以它们看起来很大。比普通人矮的人往往不喜欢人群，因为他们实际上看不到出路。对于那些失去行动能力的人来说，世界变成了一个不同的地方，一个他们不能以同样的方式自由居住的地方。

我们常常会考虑我们的本身是否被社会规范所接受。我们认为它是一个“它”，一个认可或不认可的对象。这使身体，实际上也使我们自己，成为一种附属品或东西。在当代文化中，人类正处于被标准化的危险中。

存在主义治疗师认为身体不是我们拥有的东西，它是我们的本质。尼采谈道："智能身体"的意义是我们需要倾听身体的声音，并与身体合一。当我们失去倾听的能力时，我们就会卷入破坏性的活动。我们认为，这种现象在饮食失调的人身上最为典型，他们失去了判断自己是否饥饿的能力，抑或是学会了否认了解自身是否饥饿的能力。食物或缺乏食物将人与身体对食物的信号隔断，这种后果对一个人来说便具有了另一种意义，更多的是与他们作为人的可接受性或他们与被剥夺或令他们窒息的世界的关系有关。因此，他们在不饿的时候吃东西，或者在饥饿的时候不吃东西，以求达到某种平衡。

此外，把注意力集中在食物的摄入上，会成为一种从存在的矛盾和困境中寻找注意力的方法。把注意力集中在身体的外表和缺点上，其最极端的表现形式就是身体畸形障碍，人们最终会对自己的身体形态有一种错误的感觉。

哲学家吉尔伯特·赖尔（Gilbert Ryle，1949）把这个问题描述为一个"范畴错误"，因为心灵根本不是一个东西，因此也不是固定的，我们不应该谈论"心灵"，而应该讨论"思考"的过程。我们必须记住，"心灵"是动词，而不是名词。

练习

找一个安静的地方，尽可能舒服地坐着，闭上眼睛，从你的脚趾开始扫描你的身体，然后把你身体的每一部分都描述给你自己。别着急，慢慢地仔细观察你的身体，给每个部位足够多的时间。请用语言描述它是什么样子的。

现在找一个搭档做同样的事情。面对面坐着，闭上眼睛，像之前一样扫描你的身体。你们俩在对方面前做这件事有什么区别呢?

现在，还是同一个搭档坐在对面，默默地看着对方，眼睛盯着对方的身体，停在你想停的地方，5 分钟。默想它是什么样子的。

要点

■ 心灵和身体都不是我们拥有的东西，它们是我们的一切——它们是我们存在不可分割的部分。

■ “在场”指的是我们一直在做的事情，是由我们周围的世界创造的。我们与世界是不可分割的。

存在主义
治疗师应
具备的品质

认识你自己。

——德尔斐神谕

你是谁？

存在主义心理治疗法实际上是治疗师与来访者之间的一种关系。这不是技术的或机械层面的，而是一场邂逅、一次灵魂的相遇。在这次相遇中，治疗师与来访者双方都很重要。存在主义心理治疗首先从治疗师开始，他们要接受在治疗过程中充分发挥自己作用的能力的训练，从了解自己是什么样的人开始。准治疗师的工作动机和学习能力至关重要。除非一个人有意愿和能力在审视别人的生活前先审视自己，否则他不可能成为一位优秀的存在主义心理治疗师。这是存在主义心理治疗法的道德和实践原则。但是，仅仅了解自己是不够的，还需要准备好面对生活的复杂性，并努力克服第一章所描述的矛盾和困境。

对一个人来说，理解自己生活的意义是存在主义哲学和实践的核心。虽然存在主义心理治疗师知道该如何理解事物，但令人焦虑的是，他们会知道他们所产生的理解只是暂时的。

利用生活经验来反思人生及其意义

作为人类，我们之所以特别，是因为我们能够反思我们的过去、现在和未来，而这种从物质、社会、个人和精神层面了解生活经验的能力，将有助于我们自我督导。来访者有权请一位心理医生来解决生活带来的问题。

虽然我们会主动反思一些事情，但我们的结论经常是错误的，原因要么是它们太熟悉了，我们认为它们是正常的；要么是它们引起了焦虑，所以我们不愿太仔细地审视它们。

通过限制自己的世界观来欺骗自己的经验并逃避个人责任的方式，是我们需要留心注意的。存在主义心理治疗师也许是那些总是花时间思考这个世界及其在世界中位置的人。治疗师很可能进行过试验和旅行，并且对他人和自己的动机感到好奇。为了提高自己对事物的理解，治疗师会在一对一的存在主义疗法中去反思生活、自己的行为、世界观、价值观和偏见。这使他们能够调整自己的观点，并消除任何可能妨碍他们清晰感知他人的巨大偏见、假设和恐惧。督导是这样一种方法，即在培训期间和之后，对这种专业技术进行规范，并继续进行自我和生活审视的检查。

我们倾向于认为，成熟是伴随着年龄而来的，但存在的成熟并不是随年龄而来的，因为一些年轻人可能比他们的长者经历了更大的风暴，生活的强度也比他们的长者大，因此，他们对存在的理解会更多，也会变得更加成熟，成为一个更完整的人。

成熟的存在主义心理治疗师，有能力处理各种各样的，甚至是矛盾的观点、态度、感受、想法和经历，并将这些东西整合到自己身上。他们将有某种不确定的能力，即不需要知道答案就已经了解问题所在，尽管他们还是会继续寻找答案。

存在主义心理治疗师不会固守一种观点，而是能够从一系列的角度来督导和评估现实，并有能力分辨真实与谎言，同时也知道什么时候是不确定的。他们能够忍受这种矛盾产生的紧张感。

丰富的人生阅历有助于培养成熟的治疗师：

■ 在亲密关系中承诺抚养家庭或照料家人，有助于创造一个开放的心态，发现爱的本质。

■ 成为父母或继父母使人能够从父亲或母亲，同时也能从儿子或女儿的角度看待生活。人们会从中理解养育孩子是多么有价值，同时也能了解到这是多么辛苦。许多妇女接受的教育很少，但在这方面有丰富的实践经验。这对于那些负责照顾孩子的男性来说也是如此。

■ 以不同的角度沉浸在社会中，如不同的工作、不同的学术研究、不同的社会阶层等，这是一种绝对的优势。

■ 跨文化体验也是一种很好的方式来扩展你的思想和对人类的看法。去另一个国家生活一段时间也是欣赏不同生活方式的好办法。你必须调整自己看待世界和与世界相处的方式，尤其是当语言不通时，你会质疑之前的假设并向新的文化和视角开放。

■ 把心理治疗当成第二职业的人往往特别合适，因为他们有过改变人生方向的经历，也有勇气做出改变。

■ 成为一名存在主义心理治疗师的必要条件是在个人生活中跨越过许多重要的十字路口。没有什么比见证出生、痛苦和死亡更能让一个人更了解存在的奥秘和可能性了。

■ 许多存在主义心理治疗师在面对自己生活中的危机时，才第一次对人类困境和生命的反复无常产生兴趣。远离逆境是一种消极的状态，逆境为成熟提供了条件，它需要自己同时扮演治疗师和理解生活的促进者的角色。

练习

花几分钟写下你认为“存在危机”的重大经历，在这种经历中，你最初认为自己可能会在现实中挣扎并失去立足点，但后来发现，你能够转化并改变。你能从这段经历中吸取什么教训？你是如何做到灵活应对的？这种经历会帮助你成为一名治疗师吗？

存在主义心理治疗师采取的道德立场是，他们不会期望来访者承诺的深度和强度超过他们准备承诺给自己的。因此，来访者需要致力于自己的治疗，利用这个机会，探索内心和灵魂的深处，并接受自己的冲突和矛盾。存在主义心理治疗师将积极参与这种个人治疗，找出其可能性和局限性，并知道自己需要面对的质疑和需要探索的前提。

存在主义心理治疗师有处理自己“存在危机”的能力，从而使自己的生活更加充实，而不会为先前经验所困。在治疗过程中，他们会吸取这些经验，摘取学习的果实，收获并储存其所拥有的这些智慧。

要点

- 虽然成熟的存在主义心理治疗师是熟练的实践者，但更重要的是，他们能不断从生活中汲取经验。
- 持续反思生活、保持清醒，是成为一名优秀的存在主义治疗师的最佳方式。

互惠互利：合作与信任

正如我们在第一章所看到的，人类总是与他人有关，也与事物、他们自己还有思想有关。萨特指出，与他人相处有两种方式，一种是竞争的方式，另一种是合作的方式。其中竞争方式分三种：

- 我们以支配、控制他人为目标，而当其行不通时，就会挑起斗争。我们把这种人际关系叫作“赢”。

■ 我们可以以顺从为目标，让自己受支配、安抚他人，常常试图安抚或满足他人的需求，而我们自己却被排除在外。我们把这种人际关系看作一种“失败”或“忍受”。

■ 我们也可以从所有关系中退出，拒绝“玩游戏”。我们可以克制感情，假装不重视别人的陪伴。这通常是一场竞争游戏的最后一步，在比赛中，我们感到力不从心，已经受到了太多的伤害，因此无法再尝试。

相反，在合作关系中，我们敢于任由自己受支配，去创造有价值的东西。我们共同努力，尊重彼此的需要，而不必感到必须满足他人。这种关系具有以下特点：

■ 我们能够慷慨地付出而不计算成本，因为我们相信对方也会这样做。

■ 我们在不断探索我们之间的差异和相似之处，并为这种互补性腾出空间：我们充分利用从彼此身上获得的额外力量。

■ 我们有一条不成文的互惠原则：我们意识到，我们不能只占用共享的空间和时间，同时也需要兼顾他人，并公平地分配可用资源。

■ 我们寻求一个合作方式，每个人都尽可能地发挥才能，而不需要与他人竞争，同时也心怀感激地接受其他人的贡献。

显然，合作关系不是理所当然的，一旦合作中的一个或所有伙伴感到被欺骗、被压制或过于聪明，合作关系就有可能变成竞争关系。在存在主义的伴侣或团体治疗中，需要对这些问题进行仔细的监测，以便伴侣或参与者才能够重新找回自己的能力，在与他人相处中恢复正常，而不是陷入反复无常的竞争中。

练习

思考以下问题：

- 你是否具备竞争能力或合作精神？
- 你倾向于参与竞争，还是倾向于回避竞争？
- 胜利是什么感觉？
- 失败是什么感觉？
- 你对输赢的最早记忆是什么？

现在问一个非常了解你的人，他们对你的印象是什么？

作为治疗师，我们需要学习如何以合作而不是竞争的方式与他人相处，否则我们就不能充分为来访者提供服务。当然，我们需要有能力坚定立场，直面冲突。一名治疗师不是只做到态度积极、关心和共情就可以了。

在存在主义心理咨询与治疗工作中，人们常常会对移情作用感到困惑。存在主义哲学家雅斯贝尔斯[1]首先提出了共情的概念，认为共情是“感受”他人经历的一种方式。他说，治疗师需要大胆地参与到来访者的经历中去，并尽可能地与来访者产生共鸣。虽然我们永远无法体会到来访者的感受，但我们所能做的是将他们的经历融入我们的内心，并与之产生共鸣。这并不是万无一失的，因为我们会发现来访者想表达的意思没有被完全理解，更多的是我们自己的经验。我们必须不断训练共情能力。它要求我们充分在场：与他人共同在场，全身心投入治疗过程中。一旦我们被对方所影响，我们就能从内心深处，从自身的经验中去理解他们。以真实的方式将对方存在的现实反映到我们自己身上，而不是认同、同情甚至可怜对方，使得我们对来访者的问题有更清晰的认识。我们这样做不是为了解决对方的问题，而是通过让自己“跳进”对方的经历中，从而获得哲学意义上的理解和深刻的感受，这将为我们提供更深远的视野。然后我们可以“脱离”他们的世界，去揭示他们的全部经历。当然，这必须小心谨慎地进行，并且要高度重视正在演变的关系。

我们都知道，人际关系是最难处理的。它也是来访者最常谈论的话题，它之所以难处理是因为我们的天性使然，事实上，我们既独立又与他人存在联系。即便是隐士也会意识到他人的存在，尽

1 雅斯贝尔斯（Karl Theodor Jaspers，1883–1969），德国存在主义哲学家、神学家、精神病学家，著有《存在哲学》。

管他是避世的。我们是被他人与我们的关系，以及我们与他人的关系所定义的。在当今电子通信的世界里，我们无法逃避彼此。

存在主义心理治疗强调工作的合作关系，这不仅适用于咨询室内，也适用于咨询室外。如果一个人在日常生活中做不到这点的话，那么他不太可能成为一名心理治疗师。

存在主义心理治疗师会从自己的经历中得到一个清晰的认识，那就是在人际关系中会出现什么问题，但也许更重要的是怎样修正，以及他们做什么能把来访者变成原来正常的状态，以及如何分辨两者的不同。治疗师知道没有风险和考验，信任就不会增长。他们必须学会判断什么情况下可以被信任，什么时候不可以。

尽管看似不明显，但要知道，获得和失去信任是主动的，而不是被动的。道理很简单，信任是通过始终如一，按照承诺的那样去做而获得的。而不信任源于失望，当承诺被打破或环境不符合期望时就会产生失望。

这直接反映在我们作为治疗师的工作上，因为当我们的来访者敢于冒险告诉我们一些重要的事情，并发现这些事情受到尊重、关心和理解时，他们就会信任我们。这为他们带来了一种新的希望。建立信任可以维系并加深双方的关系和归属感。

在治疗中，我们必须记住，尽管是互惠关系，但治疗师和来访者的关系并不是平等的。 治疗师和来访者的目的不同，角色也不同。许多专业组织违反职业道德的行为都是由于治疗师错误地将互惠关系视为平等。因为来访者来到治疗师面前时处于弱势，我们需要尊重这一点，不要指望他们会像朋友或伙伴那样对我们的干预做出积极的回应。我们需要给他们自由探索的空间，从而保护自己不受我们的伤害。

个人与政治

与人相处不仅仅与亲密关系有关，也有政治方面的因素。我们拥有组建团队的能力，所有团队都需要按规则来运作。因此，存在主义心理治疗师能够理解自己与世界的相互关系，并经常积极参与政治生活，无论是专业的、社区的还是党派的政治生活。萨特的大部分戏剧都在探索个人与政治的关系。为了让人们能够更好地做出改变，人们需要知道，他们周围的世界也有可能变得更好。我们与社会环境息息相关，并受到它的影响，但我们也可以反过来影响它。

许多人批评海德格尔和萨特的政治立场，以及海德格尔的纳粹倾向，但毋庸置疑的是，这些哲学家在政治上非常投入，敢于按照自己的信仰生活。尽管在这样做的过程中，他们犯了错误。

在选举中投票是我们作为一个社区成员的责任，这是“在场”和存在于生活中的现实意义之一。当然，有些人可能会选择在这个过程中弃权，脱离社会。这就是我们需要做的工作，去了解对于那些放弃广阔的世界或放弃对社会产生影响的人来说，这种行为意味着什么。

要点

■ 尊重一个人的自主性，意味着接受他们的差异。

■ 如果没有互惠和合作，社会结构将崩溃，我们将失去个人和集体的人性和认同感。

■ 存在主义心理治疗师在同等程度上探讨了个人、社会、文化和政治关系。

独立、个性

为了在个人世界里感到自在，人们追求独立。不那么明显的是，人们只能从生活的挣扎中获得独立的能力。真正的独立意味着一个人很乐意与自己在一起，也可以与亲密的朋友和家人建立更深厚的人际关系，而不是与许多人建立肤浅的关系。我们离自己越近，我们在亲密关系中就越自在。

这让我们能判断哪些关系是相互滋养的，并知道如何使它们变得更深入、更值得信赖。要做到这一点，就必须明白，独立并不意味着孤独，也不意味着简单地回应别人的看法。这意味着要让自己成为团体的一部分，而不丧失自我意识。乍一看，能做到这一点的人可能是非常普通的人，但他们知道自己的信念，还知道在发生意外情况时怎么做。他们是独立的，但不是孤立的。事实上，他们不是墨守成规者。

他们经常有能力做到常见常新。虽然这可能被理解为无知或天真，但从现象学角度看，这实际上是对不确定性的包容。

独立和个性的另一个方面是：经济独立的能力、照顾自己的能力、工作和生活的能力，这些都是健康生活的特征。他们也会知道，经济独立对于来访者来说是很有价值的。虽然在治疗中通常没有给予太多的重视，但它对于在人际关系中变得可靠和可信任是非常重要。

幽默

幽默可以用来拉近或保持距离。治疗师的幽默感不会给来访者造成疏远、迷惑或痛苦，也不会带有贬低、蔑视或嫉妒的意味。存在主义心理治疗师必须谨慎地使用幽默，并且经常强调存在的讽刺和悲剧，它们是存在的一部分。如果来访者觉得他们被取笑了，或者他们的问题被忽视了，那么治疗就会遭到破坏，信任就会丧失。

要点

- 独立意味着既要重视自己，也要重视别人。
- 独立源于相信自己有照顾自己和与他人分享的能力。

透明和智慧

其他治疗观点并没有系统地阐述人们对神圣或精神的体验。当我们谈论透明时，我们指的是存在的精神层面，认识到生命中所有的部分都是相互联系、同等重要的。透明要求我们对自己内心的想法、感觉和直觉，以及对生活中的事实持开放态度。要准备好面对真相，不管它是什么，也不管它引导我们走向何方。这需要谦卑和勇气。

在日常生活中，我们都在同善与恶、意义与无意义的对立力量作斗争，往往选择一方或另一方，或干脆回避问题。透明原则让我们能够接受所有，指导我们寻求真理。它要求我们不再视自己为宇宙的中心，而是把我们看作一个更复杂世界的一部分，我们属于这个世界，我们的生命也归功于这个世界。这绝非易事，因为它要让人放弃一些产生安全感的假象。说一些陈词滥调很容易，比如“生活是由你创造的”或“世界是各种各样的人创造的”，但这些仍然是陈词滥调，真正依靠它们生活要困难得多。经常说这些话的人更有可能是在试图说服自己或他人，而非接受并敞开心扉接受事实。在治疗中，使用这样的短语很可能会阻止人们对生命奥秘的探索。

透明和智慧也与存在主义思想家如何看待“自我”的概念有关，他们视其为一个过程而非一种事物。在心理治疗理论中会反映出许多西方思想，如用眼睛比喻，认为自我是一种相对固定和内在的东西，当光线进入时就会被照亮。从存在的角度来说，自我更像是眼睛的虹膜，让存在的光进入。视觉的比喻不是看世界，而是与世界相连。

当我们打开我们的“虹膜”，我们能够清楚而清晰地“看到”世界，在它璀璨的光辉中，我们也能够看到自己的位置以及我们能做的贡献。我们必须渴望尽可能地透明和开放，这样有“光”的存在，就会被照亮。当这种情况发生时，这个人就可以被照亮，同时照亮整个世界。

这意味着成为世界的一部分，成为“在场”的一部分。从这个既是世界的一部分，同时也是为了它而存在的立场，我们可以用一种哲学的方式来思考人类的存在。我们对什么是真正重要的事和偶然事件有所理解。

练习

社会和伦理哲学家莱因霍尔德·尼布尔（Reinhold Niebuhr，1892–1971）要求我们做到：“用宁静的心来接受我所不能改变的事;用勇气来改变我可以改变的事;用智慧来分辨两者的差别。”

思考当前生活中你想要改变的以及想要学会接受，但依然没有改变的事物。

要点

■ 人类可以选择何时开放自己、何时与世界连接、关闭联系或断开联系。

■ 人们孜孜不倦地追求真理，而不是发现真理，使生命有意义。

作为一名治疗师，你是什么样的人？

存在主义治疗工作对治疗师人选有着严格的要求。治疗师必须理解自己生活的意义，这是存在主义哲学和实践的核心，并且需要利用自己现有的私人和专业资源，以充分发挥存在主义心理治疗师的作用。

成为一名存在主义心理治疗师

存在主义心理治疗师是一份孤独的工作，而保密的工作性质会使他们更加孤独，治疗师需要知道该怎么做才能同时作为一名治疗师和一个人生存下去，因为这两者是不可分割的。许多存在主义心理治疗师都是从另一个职业转行来做治疗师的。之前的社会经历会让他们对人类的存在有更广泛的认识。但是，为了有更好的治疗效果，他们需要在生活中继续保持其他兴趣和爱好。

如果治疗师做不到这点，那么他很有可能在利用来访者来满足自己的利益和人际关系的需要。虽然我们与来访者见面的时间很短，但他们有权在这段时间内获得我们的全部关注，同时也需要保证，我们在咨询室之外有独立不受干扰的生活。许多存在主义心理治疗师在一个独立且相关的领域保持着平行的职业，这将有助于而不是削弱他们作为治疗师的工作。而且，似乎有相当多的存在主义治疗师也活跃在艺术领域。这些都有益于他们的治疗工作。

如果这一切听起来过于理想主义，那么可以这样理解，存在主义心理治疗师会意识到他们首先是一个人，因此容易受到人类缺陷、瑕疵、盲点、冲突和困境的影响。他们熟悉焦虑、内疚、痛苦、快乐和悲伤等情感，也理解这些是如何成为生命的一部分的，如果治疗师试图除掉它们，就是在自我毁灭。

督导对其有作用，但对存在主义工作更重要的是监控个人偏见，以便从经验中学习。当我们的工作状态低于标准状态时，就需要暂停歇息。

要点

- 我们都需要花费一段时间来忘记存在主义心理治疗这件事。
- 只有我们自己过着充实的生活，才能帮助别人过充实的生活。

个人治疗在培训中的重要性

个人治疗作为培训的一部分，对于存在主义心理治疗师来说具有特殊的意义。毫无疑问，要成为一名存在主义心理治疗师，你必须时刻准备着审视自己，并尽可能地了解生活。仅仅体验生活是不够的，你必须系统地反思生活，并不断地从经验中学习。要有一位特别的导师，以治疗师的形式指导你，你可以和他讨论关于生活的问题和自己在生活中的角色，正如我们有必要研究哲学家、心理学家和小说家，他们创造了帮助我们理解人性和人类状况的思想和理论。虽然我们可以从治疗来访者的经验中学到很多关于如何成为一名治疗师的知识，但也有必要在实践培训课程中学习必要的技能，然后在各种各样的环境中以及许多不同的来访者监督下实践这些技能。

要点

- ■ 存在主义培训包括学习哲学和心理学理论。
- ■ 还包括技能培训和指导实践。
- ■ 利用存在主义分析和反思你的生活经历。
- ■ 培训需要治疗师花时间以一种自律的方式来了解自己的生活。

如何运用督导机制？

存在主义治疗师通过督导师的指导积累了许多经验知识。督导的字面意思是，督导一个人的整体职业实践，以获得一个更好的观点。督导是一个合作的过程，而不是一种规定性或惩罚性的行为。当然，培训期间接受的督导不同于获得咨询师资格后接受的督导，无论是在一对一还是在一个小组，或两者兼而有之的情况下，获得咨询师资格后接受的督导可能会成为同行经验。督导是通过对来访者的困境更广泛的认识，对他们的经历进行更细致和谨慎的描述，从而共同探索人类存在真理的过程。督导师必须有丰富的经验，通常比被督导者有更高水平的经验，这将帮助我们关注治疗关系的方方面面。督导还可以以多种方式进行，如更好地了解来访者的过去、内部世界和人际关系（包括治疗关系）。但存在主义的另一个特点是增加对存在和人类状况的观察，允许一个更宽广的视角出现，这通常会使其他形式的治疗督导产生有价值的变化（见图2.1）。

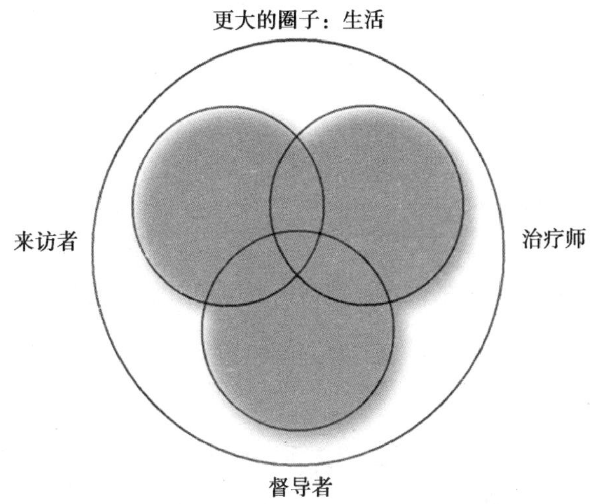

图2.1　存在主义治疗的监管

资料来源：Deurzen & Young，2009.

存在主义督导关注多个层面，拓宽了被督导者对以下问题的认识：

■ 来访者的个人世界和日常生活方式；

■ 来访者与他人的相互关系及其对他人的影响；

■ 来访者的价值观、信仰、设想和抱负；

■ 治疗师的个人世界、生活方式、信仰、价值观和信念，包括未公开的项目以及对来访者发生潜在改变和改善的渴望；

■ 来访者与治疗师的关系；治疗的过程；

■ 督导期间，督导师和治疗师之间的关系；

■ 有时，它会特别审视这种督导关系如何反映来访者和治疗师之间的关系，以及来访者与其他人在生活中的关系（并行过程）；

■ 它也会研究来访者如何看待其所关注的问题并试图理解这些问题；

■ 它会审视治疗师对来访者所说的、所做的和所理解的，寻找他们生活之间的联系，包括相似性和差异性；

■ 它能让治疗师把自己放在来访者的位置，感受到来访者的世界；

■ 它有时会专注于治疗关系，寻求增加治疗师可能进行的互动和干预的方法；

■ 它偶尔会推测其他可能对来访者有用的方法，但要回到主要目的上来，即帮助来访者学会关注自己的本质，学会做自己；

■ 最重要的是，它将考虑来访者提出的人类和哲学问题，并阐明这些问题，从而拓展来访者和治疗师的视野，努力应对人类生活的任务和挑战。

要点

■ 存在主义督导是从治疗关系的体验开始的。

■ 存在主义督导师将始终承认治疗师的自主性，同时对自己的自主性和知识负责。

■ 存在主义督导是对人类存在真相的合作性探索。

现象学视角的存在主义治疗核心

物随心转，境由心造，烦恼皆由心生。

——释迦牟尼

现象学的目的是阐明我们对世界的假设，以及我们在其中的角色，以便我们能更清楚地看到自己、世界以及我们与它的关系。当我们从现象学的角度治疗来访者时，他们将学会如何区分正确的信念与错误的信念。

现象学：假设、偏见、盲点和世界观

调查和治疗都属于研究，都需要使用正确的研究方法来得出可靠的结论。物理研究使用的是自然科学方法。这种方法对本质上属于无生命特征的客体很有效，但不能用在人身上，因为人类具有自主选择和不断转化的能力。

对人类比较有效的方法是内省，因为它能捕捉到一个人的主观能动性。然而，在内省的过程中容易丢失客观性，难以出现其他的观点。来访者接受治疗是因为他们无法找到可行的替代观点来解决他们的问题，而治疗师会提供一个新的视角。

自然科学法和主观内省法都不适宜对人类进行研究，因此，20世纪初，埃德蒙德·胡塞尔（Edmund Husserl）[1]提出了现象学，认为现象学是一种更适合于人文科学的研究方法。因为现象学是系统的，它有独特的行为和干预技巧，如果不遵循这些的话，结果可能是不可靠的。

现象学既承认客观，也承认主观，并找到了二者之间的关系。它可以应用于许多领域。存在主义哲学从这种方法中受益匪浅。存在主义心理治疗师将胡塞尔的思想应用到治疗实践中，但现象学同样对心理学研究有重要影响。

胡塞尔思想的基石是意向性原则，即我们总是意识到一些东西。我们同时意识到世界的存在，意识到自身与世界的联系，并从世界中创造意义——我们绝不是简单的观察者，我们永远是参与性的观察者。一个简单的例子是，一个人对他与某人的关系的看法将与另一个人对同一关系的看法不同。

遵循现象学的规则：

■ 我对自己与世界的关系有了更清晰的认识。

■ 我开始更好地理解这个世界。

■ 我理解在建立关系过程中被创造出来的自我。

1 埃德蒙德·胡塞尔（Edmund Husserl，1859－1938），德国哲学家，现象学的奠基人，著有《纯粹现象学通论》等。

从字面上看，现象学指研究事件和事物的表现。这并不意味着某些东西的表象就是它的全部，只是说我们不应该对它做任何假设。在现象学中，存在主义心理治疗师试图不对来访者所说内容做假设，就是为了倾听来访者所说内容是什么意思，并对他说的内容保持好奇心。

胡塞尔将人类倾向于看到自己想看到事物的方式，称为自然观察法。他提出用一种方法来降低这种自然观察法的影响，即将所有事物都视为第一次见到。我们有时会注意到，当我们去一个新的地方度假时，比在熟悉的家里时，有一种更高的意识去认识周围的事物。孩子比成年人更容易做到这一点——对他们来说，一切都是新的。

了解自己的世界观能让我们知道，我们的世界观只是众多观点中的一个。我们越了解自己的“个人地图”，就越能把它放在一边，专注于自己的领地。存在主义心理治疗师的任务是帮助来访者发现并欣赏不同的观点。

现象学的问题是：如果我们不首先弄清是什么促成了理解，我们怎么能理解任何事物呢？

练习

拿一个日常用品，如一个回形针、一个牛奶盒或一份报纸。在不评估其效用或价值的情况下，想想该物品的20种其他用途。你怎样做，才能停止从原始用途思考它呢？

要点

■ 我们总是在透过自己的假设了解这个世界，我们永远不能放下自己的假设。

■ 为了更准确地了解这个世界，我们需要了解自己是如何理解这个世界的。

■ 通过关注（只是注意）、描述（不解释，不预判），我们可以更好地了解自己的假设。

■ 存在主义心理治疗是一个对治疗师和来访者都有意义的现象学研究项目。

■ 现象学使我们能够既遵守哲学研究和验证的严格标准，也遵守人际互动和彼此反馈的严格标准。

■ 引导治疗过程的是来访者的自述，而不是治疗师的理论模型或个人偏见。

存在主义治疗假设

任何行为都不可能没有假设，存在主义治疗中的来访者只有在遵循其基本假设的情况下才能受益，这些假设是：

■ 理解生命的意义是有可能的。

■ 这样做是有意义的。

■ 每个人都有能力就生活和生活态度做出明智的选择。

- 回避问题不能解决任何问题。
- 人性本质上是主动的而非被动的。
- 人们能够从生活中学习到解决问题的方法。

因此，如果一些来访者不接受这些基本假设，他们可能会离开。他们可能想要一些更规范的或说教性的东西。存在主义心理治疗并不适合每个人。

质疑假设

质疑是存在主义心理治疗的核心，但它是合作性的“与之质疑”，而非质问性的“对之质疑”，因为我们不是律师、记者或警察。我们只是试图找出别人的生活方式中我们还不知道的一些事情。但我们大多数人都会问自己解决生活问题的最佳方式是什么。

我们需要质疑我们的假设、判断、偏见和对生活及世界的看法。来访者在治疗中表现出来的对自己生活的不安和忧虑，表明他们的假设是有缺陷的、错误的、前后矛盾的或未经检验的。

重要的不是这些假设是否客观、正确，而是它们的意义，以及它们如何让来访者对其生活做出选择，以及这些选择是否令人满意。更重要的是，来访者能够在多大程度上掌控生活，并以意识、勇气和理解来完成他们的人生目标。

在存在主义中，所有的假设都与既定存在有关。这些是：

■ 像“我的孩子不会比我先死”这样的身体上的假设。

■ 像“我的亲密关系总是具有某种特殊的品质”这样的社会假设。

■ 像“我永远无法按自己的意愿做事”这样的心理学假设。

■ 像“如果人们做坏事，就会受到惩罚”这样的精神/伦理假设。

练习

在下面四个问题中，每一条都写上一个假设，用时 15 分钟。然后读一遍，思考它包含了哪些假设。

■ 我在离开人世之前最想做的事。

■ 我和朋友是如何相处的。

■ 在我的生活中，欠缺了什么，我该怎么得到它。

■ 我的道德观、世界观和我如何践行这些观念。

要点

■ 质疑是出于好奇，而不是出于批评。

■ 我们可以意识到自己的偏见和歧视。

■ 在关注自己的世界观时，我们会让它变得更加明晰和透明。

现象学的工作方法

注意力

现象学治疗实践开始于关注来访者，并以注意力为支撑。我们把所有注意力都放在来访者身上是所有良好治疗的开始。无论遇到任何事情，我们都要把注意力转移到来访者身上。我们不得不这样做，这是我们作为创造意义的生物所必须做的。这是一种“自然的态度”。

我们要做的只是让自己参与其中。训练自己简单地观察、倾听和参与能力是很重要的。花点时间去注意、观察和描述，你就会开始从现象的角度来了解存在主义工作。

一旦我们开始适当地参与和描述，我们就可以继续其他现象学实践。

悬置

在第一部分中，通过意识到我们关注的对象，我们越来越洞悉我们对它抱有的假设。整个过程被称为“悬置”，或者说中止判断。由于我们越来越将假设内化，我们不自觉地会透过假设的滤镜看待物体，以便看得更清楚。但我们不能就这么做。我们必须先意识到我们的假设，仅仅知道它们是什么是不够的，我们还必须理解它们对我们的意义，以及它们如何成为我们习惯性理解世界方式的一部分。但是，我们也必须明白，我们永远不能完全了解它们。这是意向性原则的一部分，我们永远不能脱离对世界的假设，但我们所能做的是尽可能地意识到它们。虽然它有时被称为规则，但最好把它当作一个目标，因为它实际上永远不会完全实现。虽然隐喻的议题是在治疗中常常被悬置的部分，但是它仅仅是一个将我们的假设与我们对世界的观察区分开的重要手段。悬置本身需要对世界的认识、中止判断、描述、假设意识、对假设的分类、对假设的处理、回到意识的整个过程。

验证

第二部分称为验证。它具有更多的解释功能，也就是说，它是解释性的。在验证中，我们训练自己不断回到我们所面对的现实，并检查我们的观察结果是否正确，是否与我们的观察对象直接相关。我们运用直觉和对真实事物的直接把握，回到实际情况，并观察和描述实际情况。这使我们开始理解以前只被描述过的东西的意义。但是，每一种解释都需要得到验证，以符合真相。我们把自己对这个世界的感知与实际情况进行比较。

意识到的假设

我们有很多假设。首先，我们在观察、思考和感受过程中都有假设。例如，首先，我们可能会带着怀疑、好奇或喜悦去思考以及感受一些东西。这就是胡塞尔所说的意向作用（Noesis），即意识过程的质量。其次，我们对意识的对象也有假设——胡塞尔称之为意向对象（Noema）。最后，我们对自己有了假设，因为我们是有意识的。当脱离了这种假设时，胡塞尔把这个思想主体称为“我思”（cogito）或超越自我。所有这些都像滤镜，扭曲了我们看待世界的方式。我们看待世界的方式决定了我们在世界上看到的东西。只有当我们充分认识到我们习惯性扭曲的方式时，我们才能以一种尊重来访者自主性的方式做出回应，并反思限制他们自由的方式。

但是治疗师的每一次干预，包括沉默，都表达了对生活、来访者和他们自己的基本假设，而且在许多情况下，并不会造成特别的干扰或损害。我们并不是说假设不好，而是未经检验或未知的假设可能会限制工作。治疗师运用未经检验假设的风险之一是来访者会感觉到治疗师的假设是事实，他们要么同意，要么反对。不深究这些假设对我们的意义，就是在否认和逃避我们对自己和来访者的责任。

我们永远无法摆脱自己的假设——这是一个悖论，因为我们需要这些假设，不仅是为了了解世界，而且是为了提醒我们自己，我们通常是如何理解世界的。我们的来访者也需要我们具备这些假设，但前提是我们知道如何处理这些假设。我们试图保护我们的来访者免受我们假设的影响，把治疗变成一种复杂的暗示。督导是一个很好的方法，可以帮助治疗师确定哪些假设是“有待探究的”，以及如何理解并解决有待探究的问题。

生命是连续的，相应地，我们不断发展的假设也是持续的。

会谈之前

在见到来访者之前，我们需要集中注意力，做好准备。为会谈做准备是很重要的。在会谈开始前到达将约定的地点，整理会谈室，坐在来访者的椅子上，想象自己是来访者，再坐到你平常坐的椅子上，并比较这两种体验。注意房间的不同视角——来访者可以看到而你不能看到的，反之亦然。确认会谈时间，因为这对你所能提供的关注的质量有很大的影响。

问自己这样的问题：

- 我是早起的人还是晚睡的人？ 这对我有什么区别？
- 我当务之急是什么？我在想什么呢？
- 我的背景感觉如何？
    - 我累了吗？为什么？
    - 我兴奋吗？关于什么？
    - 我在担心什么吗？什么原因？
- 我是不是很期待接下来的几个小时？为什么？
- 我心态平和吗？怎么做到的？

通过这样做，你就可以意识到偏见和盲点了。这将使你能更清楚地看到、听到并且更明确地把它们联系起来。

会谈期间 当来访者进入房间时，所有上述问题仍在继续，但它们变得更加具体。我们总是有一些整体的情感基调或色彩，影响我们看待世界的方式。我们需要从感觉开始，因为这是我们存在的最明显的方面。

显然，我们需要把注意力集中在我们的对话和维持这段关系上，但在我们能够理解这点之前，我们需要进一步问自己一些问题。

记住我今天的感受：

■ 与此刻是害怕的、怨恨的、诱惑的或者在生我的气的来访者一起工作是什么感觉?

■ 从未与来访者进行眼神交流/从未回避过来访者的目光接触是什么感觉?

■ 与沉默的来访者一起工作是什么感觉? /与一直喋喋不休的来访者一起工作又是什么感觉?

这些问题可以让我们了解自己与来访者之间的差异。治疗师可能习惯性地对其中某个来访者感到重担压肩和昏昏欲睡，但对其他来访者却精力充沛。必须留心这些细节，并且在日后的督导或个人治疗中进行思考。

在技术层面上，我们需要用沉默和充分关注的方式来开始会谈。我们越是从必须说点什么中解放出来，我们就越能参与其中并倾听到更多。我们的意识就如同为理解事物而照亮的一束光。这是一个恰当的比喻，因为如果我们把强光打在物体上，它就会显得是二维的，且不会有投影。因此我们需要投出足够的光来观察，但不要过量，否则会妨碍和摧毁我们的体验，并对来访者造成影响。记住，尽管我们尽了最大的努力，却始终在影响着来访者。但是，通过现象学，我们可能会发现这种影响的本质。

我们参与的能力与我们面对不确定性的能力相关——这两种选择，一方面是糊涂和含糊，另一方面是盲目懒惰的教条主义。如果我们发现自己走神或者在寻找一种解释或理论，这可能意味着我们的注意力不够集中。

案例

当凭感觉做出的假设错误时

保罗接受了短期治疗，因为他和两个不知道彼此存在的女人——简和林恩，在同时交往，虽然他感到内疚，但他不能离开两个女人中的任何一个。作为保罗的治疗师，她应该把自己对恋爱关系的看法放在一边，帮助保罗做出自己的选择，她也做到了这一点，就像她知道的那样。在治疗结束时，保罗感谢他的治疗师倾听并帮助他梳理出一些他无法做出选择和承诺的原因。他说，“我还是不知道该怎么做，但我知道你觉得我应该和谁在一起，是林恩。”他的心理医生对此感到吃惊，因为她对林恩的印象确实比简要好。保罗继续说，“因为你总是在我谈论简时比谈论林恩时的关注度要多一点。但至少你没告诉我该怎么做。”

评论

把我们的意见完全放在一边是不可能的。保罗认为，他从治疗师那里得到的关注质量是他在可用的时间内探讨他的问题所需要的。虽然他意识到治疗师的感受，但他并没有发现这些感受阻止了探索自己的问题。由于无法撇开她对简的感情，治疗师并没有注意到她表达了个人偏好。

你如何发现自己的偏见和假设?

以下是五个简单的问题，你可以问自己关于你与特定来访者的工作：

1. 我想为来访者做些什么?

2. 如果我现在给我的来访者一些建议，可能会是什么?

3. 我对这个来访者的感觉和对其他来访者的感觉不同吗？这是怎么回事?

4. 我的请求仅仅是为了满足我自己的好奇心吗?

5. 我为什么要自我暴露?

这五个问题的答案将使你能够意识到你对内容和过程的假设。我们都希望自己是优秀的道德实践者，而我们最初的回答往往会反映出这一点。但我们要想办法质疑自己的答案。不接受我们给自己的第一个答案。

案例

当对内容的假设是错误的

玛利亚因为工作上以及与家人相处的困难而被家庭医生转诊。第一次会谈，她描述了自己的问题，并说她有时会感到有点“厌烦”，但她已经买了一本抑郁症的自助书籍，正在努力参照书籍进行自我疗愈。第一次会谈时，她似乎相当乐观，所以心理咨询师决定不再进行治疗了，玛丽亚也同意了。心理咨询师知道的下一件事，就是那位家庭医生给她的一张便条，询问为什么有自杀倾向的玛丽亚却被终止咨询。

评论

这位心理咨询师的第一个错误是假定玛丽亚对“厌烦”一词的理解与他自己理解的意思相同，这是一个描述临时状态的非常温和的词语。第二个错误是，只是从字面意思上理解了自助书的含义，并没有看到问题真实存在，也就是说，没有意识到来访者需要接受心理辅导。他没有意识到玛丽亚处境的严重性，因为他没有追问其中的意义。

描述

另一种帮助我们洞悉自己抱有的假设的方法是描述，而不是找到因果联系、解决问题或分析问题。乍一看这似乎很简单，但事实并非如此。

心理治疗师和心理咨询师习惯于向其他非专业人员解释他们的工作，而且很难改掉这种习惯，但在治疗中，解释既不必要也有点缘木求鱼。治疗师所说的每件事都需要尽可能与来访者的经验相接近，我们称之为“接近经验”，并且努力让来访者的经验更接近治疗师的经验。理论往往是有距离感的，因此，理论概念，包括哲学概念，在咨询室中几乎没有什么地位。

一般来说，治疗师的解释与他们的焦虑程度成正比，并取决于治疗师在与来访者相处过程的不适程度。换句话说，解释是用来缓解治疗师的困惑，而不是来访者的困惑。因此，它通常会增加来访者的困惑。

练习

拿一件日常用品，比如一把椅子，把它移到房间的中央，看5分钟，就像你从未见过一样。描述你所看到的。不要用“椅子”来描述它，也不要试图解释为什么它是现在的样子，更不要试图解释它的任何部分。如果你觉得很难，把椅子倒过来再试一次。最后，反思一下“看”椅子是什么感觉，就像你以前从未“见过”它一样。

开始一个描述性分析最有用的问题不是“为什么”，因为这与当前的体验相去甚远，只能用“因为……”来回答，并会引发另一个“为什么”的问题。而“是什么”和“怎么做”的问题才是开始一个描述性分析最有用的问题，这些只是要求进一步地描述。

就具体的口头干预而言，这一哲学原则可以转化为以下问题：

- 你的意思是?
- 那是什么感觉?
- 你能给我举个例子吗?
- 你能说得更多一点吗?

这些简单的请求可以很容易地转化成自己的个人语言，前提是必须坚持描述性而非解释性的原则。

结束语和暗示性的问题，比如：“你有没有想过换一份工作”或者“你会离婚吗”，这些不仅结束了新出现的对话，还可以更多地谈论到治疗师未经检验的假设，而不是对来访者的调查。

在工作之初，治疗师需要将自己局限于来访者所说的内容，专注于所提到的各种情绪、概念和行为，同时收集更多的信息。一般的原则是，当话题开始越聊越远时，你可能会冒着风险打断谈话，并开始谈论你作为治疗师想要谈论的话题。随着时间的推移，当治疗师和来访者建立了一种融洽的关系时，就可以承担风险并建立联系。因此，在治疗的早期阶段不建议采取治疗用的隐喻，因为治疗师会限制来访者用自己的方式描述经历的能力。

虽然保留来访者的原话很重要，但我们不能假设：

- 来访者说的话是对其经历的完整、准确或真实的描述。
- 如果来访者说“是”，他们就会同意我们的观点或与我们的想法相同。
- 来访者知道该用什么词。
- 来访者想要告诉你他们的经历，即使他们是有能力的。
- 这段经历要么是当前的，要么是最终能用语言表达的。

让我们进一步探讨这个问题。坚持这些假设会限制我们的开放性。并且，只专注于所讲的内容，就会过分强调语言的可靠性。可以说，语言的暗示对我们来说是显而易见的，因为我们生活在一种语言文化中，心理治疗是对这种文化缺陷的治疗。我们不仅仅是我们使用的词语。

平衡

另一种帮助我们洞悉自己抱有的假设的方法是我们把来访者所说的哪些内容看成重要的信息。很多时候，来访者所知道的并不比他们告诉我们的多。我们谁也不知道这一切意味着什么。

在平衡的过程中，我们需要视来访者说的内容、发展过程和来访者的感受为同等重要的。我们倾听的能力总是被我们自己的生活经验、说服自己看待世界的特定方式所扭曲。因此，我们的成功取决于我们意识到和处理自己抱有的假设的能力。这通常是因为我们给予来访者太多的认同，而忘记了他们的生活与我们的生活是不同的。我们误将来访者排除在其生活背景之外来看待他们。或者换一种说法，如果我们发现自己用特定的方式思考来访者，这就给了我们一个线索，即我们的平衡能力不够好。

案例

严格避免不平衡的后果

作为一名心理治疗师，尼克为自己不依赖科技而感到自豪。他要求来访者在会谈过程中关掉电话。他的来访者桑德拉经常忘记，每次会谈都会被桑德拉的电话铃声打断。在第十二次会谈上，她迟到了五分钟，然后花了几分钟时间弄手机。尼克正要说移动电话的负面影响，特别是在治疗关系中的不良影响，这时桑德拉说："我在手机上做了一些笔记，记录了上周的会谈和我的想法，我只是提醒自己，我想好好利用这段时间。"尼克大吃一惊，因为他甚至不知道手机可以用来做这样的事情。

评论

尼克有一个假设，那就是移动电话对生活没有什么益处。他还认为桑德拉使用手机对她没有帮助。这些假设是如此坚定，以至于没有受到质疑。通过桑德拉解释她在做什么，尼克意识到他错了，他差一点就暴露他的假设和不当的愤怒，这样一来，可能会伤害治疗关系。

我们也应该问问自己:

■ 我是如何影响来访者的，让他们从不谈论性、嫉妒或死亡，而我恰巧也不喜欢谈论这些，或者为什么他们总是谈论我喜欢谈论的创造力或整体性?

然而，只要一个人描述的是叙事的元素，并且只针对自己，那么迟早会暴露出一些元素。

案例

运用基本现象学方法展开对话

第 14 次会谈

唐：这星期不太好。

治疗师：嗯?

唐：工作上有很多困难。

治疗师：什么方面的问题？

唐：又是经理。

治疗师：什么意思？

唐：哦，平常的事情。

治疗师：你能给我举个例子吗？

唐：他让我和同事做同样的报告。

治疗师：那对你来说是什么感觉？

唐：真的很烦人。

治疗师：你能再多说几句吗？

唐：还有羞辱，因为我觉得我的同事工作能力比我强。

治疗师：嗯？

唐：我觉得这是一种考验，我想把事儿做好，但我觉得他在找我的茬儿。

治疗师：那是什么感觉？

（见后文）

评论

通过简单的描述和细节的追问，话题打开了，来访者对该问题的参与也更加深入。通过关注、描述和平衡，激起了来访者对自己的好奇心。

澄清

现象学中悬置的第一阶段技巧主要是澄清性的，而下一阶段的验证则是解释性的。当我们把已知的东西放在地平线上，将来访者的世界观置于背景中时，这两者之间的桥梁是水平的。这对于防止工作变成纯粹的自省是至关重要的。来访者的观点显然需要认真对待，但我们需要记住，它总是放在一个情境中，并且情境常常被忽略、回避或否认。简单地将这些经历放回它的背景中可以为来访者提供一个关于他的生活的新视角。这本身就能让人感到如释重负：就好像来访者突然从一个客观的角度来看待他或她自己，并且能够理解他们的困境，而不是感觉被困在里面。我们的世界始终处在一种情境中，它可以极大地帮助我们描述我们在世界的处境和位置，以便重新建立一些观点。来访者对治疗的态度和意愿从澄清性转向验证性，这表明来访者认识到他们的结论、想法和感觉是根据具体情况做出的个人反应，而不是从因果关系或事实中得出的。在此之前进行任何验证的尝试都是过早的，这可能会导致一场理智的对话，或者该治疗由治疗师主导。

验证和解释

关注并要求来访者进一步描述事情的来龙去脉可能是有效的，也可能会重新点燃来访者真正的哲学困惑和个人质疑，但在大多数情况下不会。相反，这可能会导致反复地兜圈子，实际上没有什么作用，因为这时你和来访者都在忙着寻找证实自己假设的证据。来访者应该得到更好的服务，我们在咨询期间都有更重要的事情要做。有效的治疗是用对来访者存在的敏感进行验证。这是一种与来访者接触的方式，扩展了他们对自身存在深度的感知。它给人一种感觉，即他们所经历的一切都是重要的，值得被认真对待、被理解，甚至可以被改变或克服的。

在验证中，我们能对在悬置中积累的所有印象和问题进行处理。这是我们打破均衡原则的地方，也是治疗取得进展所必需的。但我们必须确保，当我们这样做的时候，是因为来访者告诉我们，他们生活的一部分比另一部分更重要，而不仅仅是因为我们认为它重要。同样在验证中，我们可以揭示来访者与既定存在之间的斗争方式，如暂时性、悖论、困境和逃避责任。

验证的总体目的是探索治疗师与来访者之间的内容、过程和关系中的意义，并在他们之间建立联系，思考所有的元素是如何关联的。我们想知道它们之间有什么相似之处，以及这些元素是如何组合在一起的。因此，我们在内容和过程中寻找共同的元素，以便对其进行质疑并从中得出结论。

以下是三种风险:

■ 一般的元素必须是由自身的美德组成的，而不是基于治疗师未经检验的假设或者是对聪明或封闭的渴望。

■ 判断在什么时候已经收集了足够的证据来证明打破平衡

原则，并选择一个特定的项目作为重点是极其困难的。这是一种必须通过反复尝试来学习的东西，并在持续督导下使用。

■ 不承认某些因素比其他因素更明显，这对你和你的来访者都是一种伤害。不愿依赖自己经验的权威，会导致无知的理想化状态。这有时被称为不知情，但很容易变成一种不知情的决定。躲在无知的背后，可能会导致来访者的虚无主义和不安全感，就像隐藏在理论背后一样具有破坏性。

要遵循的两条规则：

■ 如果同一问题已被多次提及，通常是值得指出以供进一步探讨的。如果你不这样做，你可能不会再听到它，因为你的来访者可能会因为你不感兴趣而放弃提及它。

■ 如果某件事有明显的不为人知的感情色彩，那么它可能值得我们进一步研究和探讨，特别是它所引起的心理感受。

特征语句和验证的意图如下：

● “你在你所描述的情境里扮演的角色是什么？”把现在的责任带入对话中，并质疑来访者对责任的否认，以及他们对自己生活和他人生活的分离感。

● “这在你的生活中曾经发生过吗？这是熟悉的感觉吗？”

把之前的经历引入对话中寻找个体属性背后的共性。

- “这会怎样引导你达到你所说的和你想要的目的呢?”这会把未来、希望和改变引入到对话中，把来访者与他们的生活重新连接起来。

- “一方面你觉得……但另一方面你觉得……”这让来访者注意到他们通常试图避免困境、矛盾和对立之间的紧张关系。它突出了情感生活的动态性，帮助他们面对内在和外在的现实，从自己的能力中获得力量。通常，这会导致一种矛盾。

验证和解释是相似的，在存在主义中，我们总是在解释。所有的治疗都是解释性的，在这个意义上，考虑问题，并发现意义和可能性：创造新的联系，发现新的意义。这意味着我们所有的干预都是解释性的；有些只是比其他的更复杂。从狭义和更为正式的意义上讲，解释是将大量信息压缩成几个词，以便以一种新的方式捕捉、组织和理解事物。它有两个功能：一个是在公开的情况下，让来访者注意到他们的经历，并掌握他们的经历；另一个是帮助他们巩固正在做的工作，并在新旧见解之间建立清晰的联系，使他们的世界观变得更加连贯，与现实一致。最重要的是，这种解释必须符合来访者自身对世界不断发展及其意义的理解，并加深对当前问题的了解。解释不应该把治疗师的世界观或理论教条强加于人，也不应过分简化来访者的经历，更不应以幼稚化或理性化的语调与来访者保持距离。在互动中，治疗师需要培养一种创造性的、不确定性的精神。因此，沉默本身可以有强大的解释价值，因为它可以要求来访者思考正在被追踪的意义，并保持他们的感觉、想法和直觉。解释应尽可能简短，因为冗长的解释可能会令人困惑，也会阻碍来访者自我反思能力的发展。

成功的解释必须具备以下四个特性：

1. 简单性：解释必须是试探性的，但也必须非常清楚，以便来访者能够考虑它，而不是觉得有义务全盘接受它，或在没有考虑清楚的情况下同意或拒绝它。然而，这里有一个风险，因为试探可能会令人困惑，来访者可能不清楚我们在说什么。理想的方法是，一步一步解释其意义，直到事情变得有意义，并落到实处。这是对来访者真相调查的一部分。治疗师可以坚定地解释新出现问题的意义，同时鼓励来访者验证、纠正和完善，直到它正好合适。

通常，这意味着来访者是为他们的经历确定最终定义的人。治疗师可能会用这样的说法来引出这个问题："我刚才说的话对你来说不太恰当，或者，还不完全正确，对吧？"

2. 连接性：我们所做的任何解释都必须在来访者当前所关注的触发事件与来访者生命中的内外部后果之间具有直接联系。最理想的是，我们已经知道了来访者的情况，并对其有了新的理解，同时也强调了来访者的积极作用。因此，重点必须是将当前的经历与过去和（或）未来联系在一起，而不是将过去和未来联系在一起。其目的是加强来访者的主人翁意识，并确保他们乐于了解自己生活的真相，改变自己的生活，从而提高他们真正的生活感。

3. 一致性：治疗师的职责是确保解释是在来访者的框架内进行的，而不是在他们自己的理论或导师的理论内进行的。这显然意味着，治疗师在任何时候都尽可能清除自己的偏见和假设，并且当来访者不同意他们的言语或他们对来访者生活的看法时，治疗师愿意进行辩解和讨论。这种分歧往往是取得真正进展的必要条件。治疗师了解来访者生活的角度可能是有偏见的，但可以帮助来访者把自己的注意力放在更清晰的细节上，同时获得更广阔的视角，因为治疗师毕竟提供的是不同的视角。只要治疗师愿意全身心地投入这个过程中去，并利用连接性及其意义接受质疑和反驳，教会来访者探究和正视问题的乐趣，这个过程就会继续下去，并且能收集到重要的新理解。这样的工作总是能教会治疗师和来访者一样多的东西，很有挑战性和吸引力，虽然常常要求很高，但通常对双方来说都是愉快和富有成效的。

4. 相关性：解释性干预的时机至关重要，治疗师将利用他们与来访者的关系以及他们对来访者的了解来进行解释。把解释看成不连续的陈述，是因为没有抓住要点。过早或过迟做出的解释要么无关紧要，要么让人分心，而在来访者有感悟时做解释是没有必要的。它是一种整体的工作，是解释性的，或者说是解释学的，在治疗中是对意义的共同探索。在正确的时间做出“错误”的解释，比在错误的时间做出“正确”的解释更适得其反。

因此，最终的重点始终是放在来访者的权威上。我们树立了明确和开放的榜样，这样来访者就会用更多权威表达自己的生活体验。所有在治疗中达成一致的意义，都必须与来访者对世界的理解、生活的能力，以及他们对自己的理解、表达和理解自己经历的能力相一致。

案例

使用基本的和验证的干预方式来开展和加深对话

唐：我觉得这是一种考验，我想做好，但我觉得他只想抓住我的错误不放。

治疗师：那是什么感觉？

唐：感觉无法忍受，和以前一样。

治疗师："和以前一样"，你的意思是以前就发生过？

唐：嗯，是的，这是我人生的故事。每个人都这样对我。

治疗师："每个人"？

唐：我的父母、我的朋友，他们都这么做。

治疗师：你呢？

唐：我什么？

治疗师：我想知道你如何看待自己的这些错误呢。

唐：什么意思？

治疗师：你一方面说你想展示你的能力，但是另一方面，当有竞争时，你会退缩。

唐：我不明白。

治疗师：我想知道你从让自己处于次优状态中得到了什么，也许在某种程度上是比较安全的？

唐：我不知道，肯定很熟悉。

治疗师：熟悉？

唐：我知道我现在的处境，感觉挺舒服的。

治疗师：舒服吗？

唐：嗯，是的，这是一种有趣的情况，比成功更舒服。

治疗师：你能再多说几句吗？

唐：我想我有点害怕成功。

治疗师：什么意思？

唐：我会觉得自己暴露出来，这是愚蠢的，因为我知道我可以，但是……

治疗师：但是？

唐：我不知道。

治疗师：但是你必须改变你对自己的看法，认为自己是成功的，而不是失败的？

唐：是的，我想是这样。

评论

通过使用暂停和验证干预，对话得以展开，问题也变得更加个人化，因此，唐能够考虑到在他以前认为只会发生在他身上的情况中所扮演的角色。

从更广的角度看待生活 我理解自己的原因是，我的情感基调与我看待世界的方式息息相关。当我越来越意识到自己对事件的理解是有限的，就会开始意识到自己不仅是自己世界的中心，也是其他人世界中的一个人。更明显的是，“我”是一个相互联系的“我们”的一部分，所有这些都受制于同一个既定存在。这意味着，虽然来访者可能希望找出事情发生的原因，但他们可能永远不会知道答案。这也揭示了一个基本的生活悖论，我的意向性产生了我，与此同时意向性似乎是由我产生的。在我们的干预行动中，我们寻求探索一个人经历的背景。我们扩展了他们的视野，触及了他们生活更广阔的地平线，从而扩大了他们对世界的理解。

案例

（继续上部分对话）

唐：你知道，我多年来一直在责怪别人，比如工作上的某个人，做一些我做不到的事。

治疗师：是吗？

唐：那是不对的，不是吗？这没有道理，不可能都是他的错，不是吗？只可能是我的错。

治疗师：什么意思？

唐：我一直让他对我的感觉负责，让他明白这是他的问题，嗯，也许，我不知道，但我知道的是，这是我的问题。

治疗师：然后呢？

唐：嗯，我开始意识到我一直在做什么，难怪人们过去对我感到厌烦。

治疗师：感觉如何？

唐：很多事情，愚蠢、尴尬、内疚，但也很谦卑。但你知道吗，这很奇怪，我认为我更了解他们了，因为我更了解自己了。以前，我以为我做到了，但我一点也没有。都是我想象出来的。我和其他人一样，这很好，我曾经认为这是坏的，但不是，对吗？

治疗师：现在是什么感觉？

唐：很吓人，但是解放了。

治疗师：怎么说？

唐：嗯，我知道我有自己的观点，但其他人也有自己的观点，但在过去，这是令人恐惧和沮丧的，现在是令人兴奋的。没有别的选择了，是吗？我不知道别人会怎么想，但是……

治疗师：但是什么？

唐：但是这取决于我自己，我可以创造自己的生活，而不是等待它被赐予或被夺走。我只能和他们一起，他们和我一起，从这里开始。

评论

通过初级和高级的现象学干预的结合，唐不仅能够看到他所做的一些事情是适得其反的，还能看到他所拥有的一些东西，同时也能在更广阔的人类环境中看到他自己。

要点

■ 通过意识到我们的假设并将“加入括号”，我们可以培养出一种积极的好奇心。

■ 我们的目的是打开可能性，而不是关闭它。

■ 通过描述而非解释来增强理解经验的复杂性和丰富性的能力。

■ 来访者的自主权在任何时候都受到尊重。

■ 来访者可以将主观和客观的观点结合在自己的生活中，从而获得一种准确的视角和深度。

■ 我们需要不断地监控我们对来访者的情感反应，并认真对待它们。它们是处理治疗关系的依据，可以在个体督导下进行深入的研究。

存在主义心理治疗的价值观

人唯有找到生存的理由才能承受万千遭遇。

——弗里德里希·尼采

对经验的开放性

正如我们所知道的，自我意识的存在是流动的而不是固定的，它源于个体持续的社会互动，并由此构建了人的世界观。但因为它又是十分个性化的，所以当我们期望别人也以同样的方式来感知世界时，就要时刻地提醒自己，他们不会。

如果我们对别人持开放性态度的话，我们会发现他们的观点总能够为我们提供新的视角，促使我们改变自己的观念，并更接近事实的真相。这是日常生活中的现象学。

然而，为了符合我们的标准和期望，我们有选择地与世界互动。我们不知不觉地重复了过去的错误，经常以“我不知道为什么，这就是我的方式”为借口来为自身辩护。

存在主义治疗师将其称为“沉淀”：就好像生命之河的沉积物落在河底，给我们一种越来越坚实但虚幻的身份认同感，这种感觉掩盖了我们真实的生活。大多数时候我们都喜欢过度地确定未来的可能性。但是，当堵塞被打破时，这种意识的流动又可以重新建立起来，生活便恢复到完整的流动性和必然的不可预测性状态。但这并不容易，因为希望稳固和固定的愿望与意识到自己并非如此之间往往存在着一种张力。

在日常生活中，我们对有些不期而遇的机会及其接纳程度是不同的。有些人会喜欢它，而有些人则不会。对我们开放能力的限制和扭曲会转化到物理空间中，导致了幽闭恐惧症或广场恐惧症的产生。在这种情况下，似乎空间本身，以及身边人在其中的出现或离开都具有了威胁性，致使我们的个人意志以及行使自由和选择的能力都受到了限制。在幽闭恐惧症中，我们觉得被包围并感到窒息；在广场恐惧症中，我们感觉被暴露且不受保护。

当来访者感知不到生活中的自然流动时，他们就会向我们寻求帮助。他们以往的处理方式将不再起作用，反而体验到更多的限制或威胁。他们可能会将自身的感受描述为焦虑、抑郁、困惑或压力等。大部分的治疗旨在帮助来访者回归到某种程度的开放状态，即对自己、对世界、对他人和对生命本身的开放。

我们感到焦虑恰恰证明了在开放的必要性与对开放后可能发生事情的担忧之间存在着某种张力。但是我们通常感受不到开放——而不是封闭——所能带给我们的益处。而有时我们太开放了，以至于会感到不知所措。

焦虑是建立在生存的基本本体论忧虑之上的，有两种方法可以使我们避免这种本体论上的不安全感。第一种方法是假装我们在这个现实的世界中是自由的，将其概括为“我可以做任何我喜欢的事情”，它有时被称为躁狂型防御；别人可能会称其为自信或“态度”，对于那些过于自信的人来说，暴露出自身脆弱性和局限性的现实将是有问题的。而对于那些特别缺乏自信心的人来说，则有必要冒险地给自己一个机会，并发现世界会对此做出不同的回应。

案例

在现实世界中自由生活

亚当寻求接受心理咨询，是因为他需要“对自己的生活有一些看法，并计划一下”。他最近丢了工作，他的女朋友抛弃了他，并给他留下了巨额债务。最初，他的咨询师对他的韧性和继续生活的能力印象深刻，他能看到生活中积极向上的一面并考虑着补救方案。但随着时间的推移，奇怪的是，她注意到他并未受这些事件影响，他似乎对此完全没有感受。他不愿意探索自己的人生，“我不明白这有什么意义……我想思考未来。”尽管他彬彬有礼，但她还是感觉被忽视了。虽然他们签了 12 次的治疗合同，但在他前来咨询的第四次时，说这将是最后一次。他已经决定要做什么了。他准备向银行贷款然后去旅行一年或更长的时间，这次来只是为了说声谢谢并告别。

评论

亚当需要把自己看成独立于他人的人，这样他才不会受到别人的影响。这反映在治疗关系中，就是他不能真正让治疗师与他建立关系。他将自己视为无懈可击的人，这使他不仅忽视了生活中的其他人，同时也忽视了自己，进而忽视了自身行为可能带来的后果。他认为只要无视现实就可以重新开始，而不需要吸取过去的教训。因此，这一策略的失败也就不足为奇了。

第二种方法是假装自己是自由世界中的某一部分，它可以被概括为“我不能做任何我喜欢的事情”。它有时被称为习得性无助或抑郁。我们把自己变成严格定义的实体，拒绝选择如何回应的自由，从而排除了改变的可能性。

案例

作为自由世界中的某个成员

贝思因为“抑郁”而前来咨询。她在三年前离开了大学，在那所大学里她做了一个能胜任但不太感兴趣的课题。她说：“每个人都认为我应该这么做，所以我就这么做了。”从那以后，她做过一系列的临时工作。最后一份是销售工作，她想继续工作下去，但她的老板说她性格需要再外向一些。这让她很难过。她说：“我知道我必须这样做，但我不知道该怎么做。我被那些活泼的人吓坏了……还有那些客户。我以为这份工作可能会让我有所改变，能够使我跳出自我，但事实恰恰相反。”她的一位朋友说，她应该尝试心理咨询，因为这会为她提供新的支持。她说：“我知道我应该做什么，而不要绕过它……我觉得这个世界已经抛弃我了。”她倾向于谈论“每个人都认为……”和“其他人能做的事……”尽管她迫切希望咨询师告诉她该做些什么，但她甚至对做出简单的澄清或举出具体的例子都感到困惑。这导致她经常说：“哦，我不知道……我不能这样想……我不擅长这个……”

评论

贝思要么是没有足够的经验做出自己的选择并采取行动，要么就是不能利用她已有的经验。因此，她认为自己是一个不能自主行事的人。她无法忍受自己的选择带来的焦虑，无论结果是成功的还是失败的。她试图以逃避选择的方式来避免这种焦虑，但她并未意识到逃避本身就是一种选择，这影响了她的生活。尽管她很聪明，但她似乎更关注自己的表面安全，她与其他人一样，把别人对自己的看法看得比自己对自己的看法更重要。由于她担忧会为自己选择负责，于是她把自己的这个责任交给别人。只有当她意识到该如何处理这一点的时候，情况才会有所好转。

不论是认为“我可以做任何我喜欢的事”的人，还是认为“我不能做任何我喜欢的事”的人，它们都是真实存在的。存在的现实就是，我们必须做好准备，尽我们的所能去做我们能做的事，有时我们成功了，而有时则不会成功。但是我们在探索能力的过程中，我们会扩展并实践它们，在这个过程中我们变得更有能力、更灵活。如果我们过于大胆，我们可能会动摇或失败，最终可能会放弃。相反，如果我们过于懦弱，避免所有的风险和挑战，我们可能会因为恐惧而踟蹰不前，失去灵活性，并因为缺乏实践而变得软弱。

存在主义治疗师从一开始就清楚地表示，他们希望来访者能够做出一个基本的承诺，即愿意接受检查，不论出现什么问题都直面其影响。存在主义治疗师也知道获得信任是必需的。

来访者有权期望他们的治疗师也是开放的，期望治疗师能够有意识地倾听他们的忏悔中所包含的消极情绪。正因为如此，治疗师应该用更多的时间来倾听和理解，而不是讨论和解释。

存在主义治疗师首先需要关注的是均衡自己的两种态度，即在鼓励开放而又不会使来访者产生背弃感与自己专注于治疗而不被干扰的态度间达成平衡。这种平衡能否实现的关键取决于来访者在那一刻的需要、治疗师的个人特质还有他们之间所建立的互动模式。

如果这种基本的倾听模式建立起来了，那就有可能进行更为深入的探索，而这往往会涉及更具有挑战性的干预措施，这些措施会引发来访者的冲突，有时还会引发来访者和治疗师之间的冲突。

事实上，对经验的开放性本身就涉及了冲突，我们生活的成功在于能够直面和解决这种冲突，而不是回避它。治疗师必须塑造这种平静地面对冲突和困难的意志品质。

对沉默的开放性

判断客户所需要的沉默的量在任何时刻都是至关重要的。足够的沉默是指给予来访者充足的沉默时间，让他们停下来思考，而不是让其沉浸在沉默中，或者变得麻痹和过度以自我为中心。在沉默和谈话中找到适当的平衡是非常不容易的。

存在主义治疗师会关注来访者与他人的相处方式以及他们与自己的相处方式，同时还关注他们所说的话、他们如何放置椅子、他们怎样坐在椅子上，关注他们的腿在椅子之间的空间，以及关注他们在对话中占据空间所用的方式。有些来访者不愿意填补这个空间，而有些来访者则不愿意让治疗师进来填补空缺。

要点

- 我们会变得更加清楚地意识到我们对世界的解读方式是狭隘的，并且常常是以一种不切实际的方式，这是一种现象学。
- 采用正确的开放性和注意力倾听是一切有效实践的基础。
- 存在主义疗法的任务是让来访者更自由地选择何时开放，何时不开放。
- 对于治疗师来说，对经验的开放性意味着能够拥有自主权，而这也同样适用于来访者。

界限与一致性

研究和个人经验最终揭示的是，当人们受到尊重和一致的对待时，当他们感受到的边界清晰且能够感知并依附的时候，他们就会有所成长。治疗关系也不例外。这只是一种特殊的个人亲密关系，为了使存在主义疗法发挥作用，来访者和治疗师都需要知道他们各自的立场，从而对彼此有合理的期望。总的来说，最有效的是一个清晰的界限，这个界限稳定又不失灵活性。来访者感觉治疗师在用一种敏感而专注的态度关心他，而这种关心并不会让他感到窒息，在这种感受中来访者才会成长。知道如何在安全的限度内精确地保持治疗空间的开放性，是一种真正的艺术。

通过存在主义治疗中的一致性，来访者会发现他所体验到的与治疗师的关系是一种释放，而不是限制或抛弃。这种自由不仅是来访者学习亲密关系的奖励，而且是来访者探索其中的局限性的保障：他们不需要知道自己能从别人那里得到什么，他们需要知道的是从自己身上能获得什么，虽然人际接触可能会缓和隔离感，但这种距离感永远无法消除。灵活而有响应的界限并不会朝着不可预测的方向发展，它一直是可以探讨的。

关爱是我们在治疗和日常生活中常用的词汇。它具有关注或喜欢的含义，而且在确切的帮助下，它的含义是在保护中“照顾”。存在主义治疗师应该从某个特定的角度理解“关爱”这个词。我们关心的是来访者的自主权，这是通过尊重和相信来访者有对自己的生活做出决定的能力而做出的。这有时会被理解为粗心或不体贴，但它实际上是建立在现实和真理之上的。存在主义治疗师表达他们关爱的一种方式就是通过这种有弹性的、一致且坚定的界限来体现的。这是通过承认问题、冲突、事件本身和困境而做出的，而不是否认或忽视它们。我们需要证明我们可以与这些问题共处，并且随时准备做出回应，沉着地面对困难。

尊重和一致性的原则也适用于对咨询服务的管理。这意味着治疗师必须是值得信赖的。我们都很忙，这是生活的常态。从西方人的实践中可知，我们大部分的工作时间都是预定和用日程表来规划的。如果说我们将在下午2点与来访者见面，咨询时间是50分钟。这意味着：我们将尽一切努力在下午2点到达那里，并在下午2点50分结束咨询，在这期间，按照约定，无论来访者是否准时，我们提供咨询服务的时间不会延长也不会缩短。我们不能因为他们迟到或取消咨询服务而心怀怨恨，因为来访者会为他们的时间付费，并且按照他们的意愿解决问题。同时我们也有责任来帮助他们更清楚地意识到是什么选择导致他们迟到或取消咨询服务。

案例

保持并维护界限

丹尼首先通过电子邮件联系了他的治疗师，他询问了治疗师的工作方式，以及她的治疗理念是什么。而治疗师的关注点却集中在他们治疗日记的配合性上。根据以往经验，她认为首先要确认的是来访者能否始终如一地遵守约定。但是丹尼回到了他原来的问题。治疗师回答说，在第一阶段应该继续进行关乎双方责任和义务的谈话。丹尼表示同意。他来得有点迟，并马上就谈到了他不能信任伴侣的问题。在本次治疗结束的时候，他们完善了心理咨询合约上的一些细节，她同意收取比平时稍微低一点的费用，而他说他出来的时候没带钱。治疗师说，她将在下周的同一时间收取这笔费用。两天后她收到了他的邮件，邮件里提出了更多的问题。她简短地回答说，她希望在预约时间内继续工作，并会在下次治疗中与他交流。治疗工作继续进行着，丹尼在治疗时间、治疗内容和支付费用方面不断突破界限，这时治疗师必须要立场坚定，说除非他支付治疗费用，否则她会考虑暂停治疗。

虽然起初很沮丧，但逐渐地他有所明白了，他时刻提醒自己和治疗师所处的位置，并学会了如何利用治疗空间。

评论

尽管表面上看起来很吸引人，但治疗师知道，立即解答丹尼的问题是没什么治疗成效的。丹尼总会提出另外的问题，而最终的结果就是不再看重他本来的问题了。这就是一种逃避。与此同时，她知道完全忽视这一点是行不通的。丹尼不信任他的伴侣就反映在他不信任她上面。为了治疗，她必须解决这个问题，即使冒着丹尼反对的风险。的确，丹尼的不赞成和不信任成了他在第一次的治疗中不断被验证的问题。后来他理解了咨询空间的可靠性以及在这个空间中的责任与义务。这只有在治疗师表明自己的坚定立场与可信赖之后才有可能发生。

一些存在主义治疗师会以欢迎来访者进入房间的方式开始治疗，一些咨询师以握手的方式开始，还有一些咨询师以简洁的问候开始。值得注意的是，每一次治疗都应以类似的方式开始，以便引入一种始终如一的一致性。可以做一个清晰而简洁的框架，这样框架中的变化将会变得显著且有意义，因此，任何分歧或冲突都能得到解决和理解。如上所述，灵活而反应灵敏的边界并不会朝着不可预测的方向发展，但它总是有待讨论的。

虽然没有规定特定的技术或干预措施，但任何干预都必须符合现象学原理，即咨询师要认识到来访者具有基本的自主权。每一种治疗关系的内容都会适当地与治疗师的职业道德要求相结合，这将界定存在主义治疗师所坚持的原则和界限。

在存在主义前提下，我们所做的每件事都会涉及他人或与他人产生共鸣。就边界而言，我们生命的物理边界是出生和死亡。生与死限定着我们的生活，由此而产生的紧张关系可能是创造性的，而不是毁灭性的。同样，我们也应该意识到关爱的边界。有时候我们很容易替来访者承担责任，如果这样的话，来访者的自主权就不会得到充分发挥。一些专业的治疗机构出现违反职业道德的行为都与来访者的自主权受到损害相关。

要点

- 当我们说“关爱”时,我们所“关爱”的是他们的自主权。
- 一致且清晰的边界才会带来信任。
- 过有意义的生活意味着承认边界的存在并在边界之内生活。

咨访关系和对话

人类生存的难题之一就是懂得别人存在的目的以及如何与他们相处。在哲学中，这被称为他人心灵的问题。我们每个人都是孤独地来到这个世界而最后又不得不孤独地离开的。然而，不管怎样，我们总会被其他人包围着。这种存在意味着无论我们与他人的关系变得多么亲密，我们和他人之间仍然有一道不可逾越的鸿沟。我们的自主意识和我们对他人的归属感之间一直存在着某种张力。

因此，人类的普遍矛盾是，当我们努力地成为与他人区分开来的个体时，我们感到有必要与他人建立关系来克服这种分离。有时这会促进融合，而融合则会变成威胁。对待分离我们并没有永久的解决办法。我们别无选择，只能找到一种方法，即把这种分离变成自己的一部分，并接纳它。

由于人际关系的困难，从人们接受治疗的频率上也可以看出建立亲密关系是困难的。人们害怕被遗弃，同样也害怕被骚扰。他们试图通过聚变或裂变来解决这个矛盾，聚变即与他人相融合，裂变即与他人分离。而这两种方法最终都不是行之有效的。如果人们接受帮助以容忍人际关系中的内在矛盾，那么他们很快就会发现亲密关系还应该提供自由。这个问题和解决方案可以总结为："我有责任在别人的世界里做我想做的事情，其他人也是如此，如果我们都能为彼此考虑的话，效果自然最好。"

存在主义疗法的核心是对话。对话不仅仅是指治疗师和来访者所谈论的内容。对话的性质和质量都决定了治疗的有效性。我们需要区分独白、对白和对话。

独白 当一个人在说话而另一个人在倾听时，独白便产生了，此时说话者主要关心的是说什么，而不会关心他说的内容是如何被接收的。倾听者体验到的往往是独白背后的信息而不是与之谈话的过程，他感觉不到自己也在交流之中。

对白 两个人互相交谈，而只是表面上倾听对方时就是一种对白。他们很可能会轮流发言，相互倾听，甚至还会回应对方，但他们并没有真正领会对方所说的话。他们更愿意倾听他们想让对方说的话，然后给予回应。从另一种角度来看这是同时出现的两段独白。

对话 对话指两个人真正地参与谈话并真诚地倾听彼此，而不是只听自己想听的，只说自己想说的。对话意味着对他人和对自己的双重开放。真正的对话总是带有某种程度的焦虑，这种焦虑也可能被认为是兴奋，但从某种意义上说，焦虑是因为人们永远不知道接下来会发生什么。真正的对话是动态的。焦虑是当下人际关系的一个特质。在治疗关系中，治疗师和来访者都应该对将要发生的事情感到忧虑。如果其中任意一个人不这样的话，那么对话就不可能成立，只不过是把对白当成对话。他们只会关注自己已经知道的事情。只有当一个人敞开心扉，准备好迎接发现新世界观的可能性时，他才能发现新东西。

虽然对话通常被认为是说话，但它主要在于倾听和搜索意义。对话的发展取决于治疗师的评估，即如何给予并维持最佳数量的挑战和支持。大多数情况下，这意味着治疗师是沉默的，至少在治疗开始时是这样的，但并不总是如此。如果来访者希望治疗师只是去倾听，那么进行谈话是错误的；如果来访者需要与治疗师交谈，那么保持沉默是错误的。对于每一种治疗关系来说，从独白或从对白到对话的路线都是不同的，但最终成功的疗法以对话结束。

案例

从独白到对话的演变

彼得开始接受治疗，因为他有很多问题要倾诉，包括他的成长经历、他与哥哥以及父母的关系、他最近感情的破裂、他对工作岗位的不满意，还有他现在居住环境的不稳定。他在每次会面中都会滔滔不绝地谈论自己提前准备好的内容，而他的治疗师发现，她并不需要回应什么，因为彼得从来没有问过她任何问题，而且通常她所说的任何话都会在只说了几个字后就被打断，然后他会像她从没有说过话一样继续说下去。这使她感到有些挫败感，并不想对他继续进行治疗。

她把自己的懊恼压制了下来，过了一会儿才意识到，在他独白的过程中存在着某种意义，那就是他只是需要被倾听。这也是她需要做的。为了照顾他的需要，通过一段时间她耐心地倾听与协调，她能够注意到其中的生命力，仅仅是因为她理解他，而不是批评他。这使他也能够倾听她的声音，以及倾听别人的声音，并且无论发生什么，在她的陪伴下他最终都能够保持沉默和敞开心扉。他慢慢地开始感到自己并不需要每次都准备，而后来他才明白，他以前利用了这样的准备和坚守自己的立场，既让人们与他维持良好的人际关系同时又能保持距离。出于对他人的恐惧，他觉得有必要用这种方式控制局面。

评论

彼得的治疗师很快便领悟到了，他所需要的是倾诉和她的倾听和参与。她与他的叙述、与他的存在相协调，使她明白了何时应该思考他所谈论的内容和他谈论的方式之间的联系。她明白，他希望让她参与进谈话中来，但是他刻意与她保持距离也是一种暂时且必要的保护，这是唯一的解决方法，因而应该以一种敏锐而直接的方式来弄清楚当前反复遇到的紧张感。这样就会使自己的时间变得更有活力、更少控制和预演。

要点

■ 对话包含对尚未考虑到的备选方案的开放性，同时考虑到更广泛的情况。

■ 对话探究支撑人类生活的两极和矛盾。

■ 对话包括对经验的详细描述、对其深层含义的探索以及对所提出的任何解释的查证。

■ 对话是对亲密关系与协调合作的探索。它是动态的。

■ 来访者可能不会马上准备好进入对话，他们最初可能需要沉默，并发现更容易应对的独白或对白。

自我暴露

显然，自我暴露是有风险的，我们都是人，都有着同样的希望、恐惧、欲望和不安。这是治疗师和来访者的共同之处。然而，除了这种基本的相似性之外，凭着我们是治疗师与来访者的角色，我们还是有所不同的。治疗师和来访者正处于一种正式的治疗任务中，他们中的一个人（来访者）来到另一个人（治疗师）面前，他们寻找自我并发现一些他们自身并不知道的经验。这在心理治疗中会产生一种紧张感，这种紧张感往往出现在自我暴露的问题上。

从存在主义角度来看，我们仅仅是在人际关系中暴露了我们自己。我们咨询室的位置和装修风格，还有我们所穿的衣服以及我们周围的东西（或者没有），都会暴露我们的品位和生活方式。作为治疗师，我们服务于来访者，在这一过程中，不论我们做什么事、说什么话（或者不做什么事、不说什么话）都会暴露自己。大多数情况下，我们所做的一切都是在潜意识下完成的。相比对他们的称赞，我们的来访者对我们所传递的信息有更高的敏锐度。当然，我们尽量不提供建议，如果我们要给出建议的话，来访者几乎不会对这样的建议存在什么疑问。

那些认为能够坚持我们的个性和世界观，并对来访者保持中立态度的治疗师，是不成熟的。在一段人际关系中，两个人会对彼此产生好奇，这是很正常的。尤其是来访者会对治疗师感到更加好奇，因为后者并没有透露太多。来访者通常会在网上搜索他们的治疗师的情况并得出自己的结论。我们所暴露的关于自己的信息总是以我们意想不到的方式被读取，然而这些错误的解读可能是来访者误解他人或周围事件的象征。我们需要意识到这一点，并解决它。

但是，对于自身信息、判断或意见的暴露的要求，治疗师必须以小心谨慎的态度认真对待，这一态度的重要性在于来访者对某一问题的了解或不了解都会产生不同的影响。尽管如此，在某些情况下，像“你在夏天离开的，是吗”这样的问题，你不回答可能比简单地回答“是的，谢谢关心”更影响来访者对你的印象。与其记住客户所讨论的他们的想法、感觉和信仰，不如在询问客户这个问题为什么重要，以及知道答案后有何不同之前，礼貌地、简单地回答来访者的问题。

来访者对治疗师的行为、想法、感受和观念的过度好奇往往会让他分心，比如高估治疗师的建议、低估自己的价值，逃避自己作为来访者的责任。这一点应予以重视并解决。

而另一种情况则是那些不敢对治疗师有所好奇的来访者。有些来访者可能会很难理解我们确实在乎他们的事实。回答关于我们的正直性或对重大生活事件做出的选择等更深层次的问题，不会为他们提供他们想要的答案。但是对需要了解答案的原因做进一步的思考会给他们提供他们想要的答案。

专业机构所审理的许多违反道德的案例，都是由于他们对来访者不恰当地暴露了个人信息。值得注意的是，在大多数情况下，治疗师认为他们满足了来访者的需求，并且建立了一个平等的模型。其实他们并没有。他们只是以牺牲来访者为代价来满足自己的需求，并忘记了自己在治疗中应该做的是什么——帮助来访者审视自己的生活。

案例

自我暴露：当它起作用时

山姆作为一个来访者，已经与他的女治疗师相处近六年了，但是他从来没有认真地看过这位女治疗师。在结束职业生涯并在一个精神病诊所治疗一段时间后，他彻底崩溃了，但之后他努力建立一种新的自我感。起初，他对心理治疗持怀疑态度，并且一直很保守，但后来这种怀疑态度逐渐有所转变，并接受了治疗。他曾经处理过许多复杂的人际关系问题，包括他与母亲、妹妹、父亲和前妻的关系。有一天，他突然抬头诧异地看着他的治疗师说:“我才意识到你是个女人。这听起来可能有些荒唐，但我刚刚才意识到你是一个真正的人。你多大了?” 然后他的脸红了，并道歉。他的治疗师平静地告诉他她的年龄，并记录了他的问题，虽然他很尴尬，却标志着这是一个重要的时刻。因为他开始把她看作一个人、一个真正的个体，而不仅仅是一个关注他的问题的接纳者。不仅山姆意识到了这是一个非常重要的全新时刻，而且他的治疗师也意识到了，他需要以一种不同的方式开始接受治疗，现在他已经迈出了新的第一步。从那时起，他开始意识到其他人对他来说似乎从来没有真正地存在过，因为他只是把别人当作获得评价和关注的来源。

评论

在这种特殊的情况下，准确地暴露信息是有效的，因为山姆需要有一种直接的回应，并用一种全新方式与他人相处。治疗师确信，他问这个问题绝不是为了避免回答更重要的问题，也不是在玩社交游戏。他确实在检查他把治疗师看作一个真正的人这种看法是否正确。在发现这一点时，他可以在处理与其他人的关系上更进一步。此外，他还发现，出于恐惧和羞愧，他一直在回避这样的关系。这两项认知对以后的治疗和生活都很有帮助。

案例

自我暴露：当它不起作用时

贝丝的治疗师是一位男性，她觉得自己与之相处很有安全感，治疗师帮助她认识到了自己有很强烈的取悦别人、奉承别人的想法。她刚 30 岁出头，离过两次婚，且没有孩子。经过大约 6 个月的治疗后，她问治疗师是否已经结婚生子。她的治疗师拒绝回答，并告诉贝丝她已经触及治疗边界，同时她需要对她这种想要接近他的愿望负责。这激怒了贝丝，贝丝告诉他，她只是问一下他的婚姻状况，而不是问他是否想和她上床。治疗师立即辩驳并做出了解释，贝丝通过引入与他发生性关系的话题来说明她是很有魅力的。贝丝觉得这不仅是对她作为一个女人的拒绝，更是对她的谴责。她觉得治疗师把她看成了那种放荡挑逗的一类人，这使她极其难过。在接下来的一次面谈中，她又回到了上次的问题上，她的治疗师很茫然地问："你为什么想知道呢，贝丝？"她觉得接下来无论自己说什么，她的治疗师都可能会把这些话当作她可疑行为的证据。她感到自己被困住了，并且受到了谴责。她中断了治疗，而当她的治疗师写信告诉她，她停止治疗恰恰证明了她无法接受自己的诱惑不起作用，这令她非常生气。

评论

当被一个充满魅力的年轻来访者问及自身私人问题时，贝丝的治疗师会感到很不自在。他在他的（精神分析）训练中学会了不去回答来访者的问题，而是去研究这些问题，直到能够想出合理的解释为止。这就是他努力要做的。被问及他为何如此担心让自己的来访者知道，当他说出是因为他也离婚了，并且有两个孩子和前妻住在一起时，他意识到了这主要是因为他害怕个性化治疗。这是因为他觉得自己被来访者所吸引，并幻想着和其建立关系。他缺乏安全感，他承认自己纯粹是为了帮助来访者了解他自己的世界，而让他暴露过多的信息他就会反应过度。对于他是否愿意告诉她他的婚姻状况，其实并不重要。重要的是，他能否在不受攻击、不被操纵或没有危险的情况下这样做，而他自身的角色让他也不想利用这个问题来谋取私利。来访者的幸福是所有心理治疗的焦点。相对于防御性、公式化的回答或拒绝回答来访者所提出的具有重要意义的问题，探究给出的或保留的答案往往会更有效果。

要点

■ 我们会通过自己所说的、所做的以及对别人的态度暴露自己。

■ 来访者对我们自我暴露的要求可能会对治疗效果造成不良影响。

■ 如果来访者处在没有安全感的状况下，那么无论是拒绝暴露还是同意暴露都会导致治疗失败。

■ 我们要时刻关注来访者的幸福。

指令、直接和方向

所有的治疗都会引出一个问题：我们是否应该向来访者发出指令。在心理治疗中，有很多词语的意思都是混乱不清的。而存在主义疗法很清楚它是如何理解这些词汇的。

当我们说存在主义治疗师应该“直接”的时候，是指他们需要有目的性，而不是笨拙生硬、直截了当，不能晦涩、冗长或模棱两可。这意味着治疗师可能会直接回答一个问题，但是不会说过多不必要的内容，他们的每次干预都专注在一个点上，也不会做过多的试探或运用专业术语等。

存在主义治疗师不以指令性或非指令性来思考问题，他的目标是通过坚持尊重来访者自主性的存在主义原则帮助来访者找到自己的方向。治疗师并不指导来访者，而是跟随着他们的思路和情感轨迹，向他们展示如何通过自我启示、自我认识以及寻找自己的人生方向来找到自己的路，从而使他们知道以何种方式发现自我。我们认为人们大部分的经验是通过反思自己的经历学到的，而不是通过给予建议。与此同时，我们还应铭记的重要一点是，完全的非指导式治疗并不存在，因为我们的存在和我们的干预，都为他们提供了一个新的方向。当我们从来访者的故事中选择某一主题而不是其他主题时，我们的建议便是方向。每当我们没有对来访者的谈话中所暗示的某些内容做出回应时，我们便阻断了某些路径。我们一直是有方向的，当他们变得毫无方向感或没有指导的时候，帮助他们再次找到方向就是一门艺术了。

海德格尔描述了治疗师对来访者的两种基本态度。这在英语中被不恰当地译为“跃进”和“超脱”。我们在第2章中已经讲到了“跳进”和“脱离”。当我们跳进去的时候，我们就会接管他的思想并把这个人当作一个物体来对待。在这个过程中，我们认识不到来访者有自主确定自己人生方向的权利。

而当我们脱离时，我们尊重来访者的自主权。我们只是为他们展现了一个他们可能从没有想象过，但他们的处境暗含了的未来。我们帮助他们重拾活力并唤醒自我定义的潜能。在很多情况下，这对来访者来说是不同寻常的，还会引发其焦虑。人们往往不习惯自己思考和选择，他们更习惯于对别人的思考和选择做出反应。处于这种情况的来访者很可能会向治疗师征求建议或帮助。有很多方法可以将其转化为来访者的自我方向探索，比如通过创造一种理想的、无代价的环境让来访者进行模拟训练，或者进行各种可能性预演，然后是在现实中应用。这是来访者正在展开的故事所提供的方向，而不是治疗师所偏爱的理论、偏见或他们未经检验过的生活假设。

如果治疗师刻板地按照自由和不干预的原则来进行治疗，则很容易在不定向状态中徘徊并失去我们作为治疗师的方向感。这样做就会破坏我们自己的自主权。

这种自由放任的方法，与专制的或刻板的方法一样，都会造成很大的危害。存在主义治疗师试图在指向性和非指向性之间找到一种平衡，以此让来访者找到自己的方向，保证来访者有足够多的安全感，充分挑战这种冒险带来的刺激。

若使来访者能更好地意识到其自主权，在某些情况下治疗师需要采取保持沉默和完全不干涉的方式。然而，在其他情况下，还需要治疗师积极地给予直接指导。

来访者为什么继续接受治疗呢？只有当来访者觉得他们自身的经历让他们更加了解自己时，才会继续接受治疗。这种情况会发生，首先是他们认为治疗师已经足够了解他们了，并认识到他们两个人在协力工作中。但仅仅这样还不够，来访者必须认识到治疗师能够向他们展示对生活的新洞见，同时还能帮助他们掌握发现新洞见的方法。这个学习澄清与沟通的过程应该由治疗师来实施并演绎。最有效的方法是尊重来访者的能力，使他们尽早承担责任，直接且真实地给予来访者我们所能提供的东西。因此，在任何情况下，治疗师都是直接和有目的的，所有的行动和干预都符合现象学原理。

这意味着这一原理是系统的而不是僵硬的，是灵敏而不是松散或狂野的，是清晰的而不是规定性的。充分利用和掌握这一原理的关键在于，咨询师在对来访者的服务中了解自己的能力。

要点

- 存在主义治疗师是有目的和方向的，而不是指令性的。
- 非指向性是对自主性的否认并容易导致治疗的停滞。
- 富有成效的治疗关系对双方来说都是挑战。
- 来访者会看重对那些愿意与他们站在同一立场，同时又能够教会他们对生活产生新洞见的治疗师。

存在主义心理治疗理论及实践

仅限于知道是不够的，我们必须去实践；单纯地希望也是不够的，我们必须去行动。

——歌德

表达和自我表达：自我悖论

前文已述，存在主义试图挑战自我是不变的这一观点。自我不是固定变化的，我们的生活和行为方式一直在塑造我们。就像不能期待把一桶水倒入湍急的河流还保持和之前一样的运动性质，自我和生活是不可分割的。我们所知道的“自我”是我们过去所做的选择和构建的世界的产物。我们更倾向于谈论自我意识。

就像前面提到的“心智”的例子一样，动词“成为自我”或分词“正在成为自我”或许比名词“自我”更准确。

从存在主义的角度看，自我意识是个体生理、社会、个人和精神世界关系网络的动力重心，这些关系网络持续不断地进行着重新排序和重新平衡。在这个过程中，我们要么被动，要么主动。其中，被动对个体而言是一种很重要的休息和充电方式。而主动对个体的生存也是必不可少的；当我们主动采取行动时，会扩大和增加我们与世界的联系。因此，主动模式和被动模式是相互平衡的。

虽然被动的或反应性的生活显得更容易，但如果没有更活跃，甚至更主动的生活模式做补充，就无法对生活进行重新组织、重新思考和重新调整，单纯被动的和反应性的方式必然导致僵局，引起混乱和困惑。

有意识地生活需要消耗精力、下定决心和大量的自我审视，久而久之，就会让我们觉得越来越少受到环境的制约和他人的影响，生活越来越有活力。换句话说，我们获得了自主感，我们是自己生活的创造者。通过反思自己的行为，建立起跨越时间和空间的一致的自我意识。

从生理学上来讲，我们体内的所有细胞都在不断更新。一个血细胞大约存活3个月，而我们的骨骼细胞每1~5年也会更新一遍。这种更新带来治愈。我们的自我意识也是如此：它每天都在发生变化，以适应新的情况。从生理学上讲，感受到我们在时间和空间上有一种连续性几乎没有什么困难，而从心理学的角度来讲，做到这一点就难了。我们错误地认为，改变是不可能的，尽管我们常常渴望改变。这或许是焦虑驱使下的本能，它让我们意识不到一直发生的变化。存在主义心理疗法是一种让人们学会有意识生活而不是无意识生活的一种方法，通过学习我们可以更灵活、更自由地让自己随着时间和环境而改变。

矛盾之处在于，尽管我们在不同的环境中表现出的能力是不同的，但我们可以获得可复原的、连贯的自我意识。

现在可能出现的问题是：

- 我能得到我想要的吗？
- 我想要什么？
- 我需要做哪些不同的事情？

案例

发现自我悖论

伊娃是个谦逊的人。多年来，她一直悉心照顾着她的家庭。她的丈夫是彼得，他们结婚二十年了。彼得是第一个承认伊娃优点的人，他每天都为自己娶了这样一位好妻子和孩子的好母亲而感到幸福。然而，正当他们的孩子将要中学毕业，需要妈妈支持时，伊娃却垮了，伊娃和她的丈夫对此都很震惊。当伊娃在精神科接受抑郁症治疗后，伊娃和彼得被转介进行家庭治疗。尽管服用抗抑郁药，但她还是反复强调她需要彼得来支持她，帮她解决问题。她似乎完全不了解自己与自己的能力。她感到无能和绝望。为了让伊娃独自工作，并问更多关于她的生活和她自己的问题，家庭治疗变成了个体治疗。

她不知道自己是谁，也不知道她能在教育孩子和满足丈夫对“可靠生活”需求之外对世界有什么贡献。起初，她并不认为讲述自己的经历和自我觉察会对她有什么好处。后来，她逐渐意识到了她生活中的空虚，因为她的孩子们的生活重心已经由家庭变成了别的方面，她的丈夫也越来越专注于他事业的成功。伊娃开始享受治疗空间，因为她学会了与思想交流，并且体验到了人类生活所拥有的自由。

评论

伊娃的治疗并没有把注意力集中在她的问题上而是集中在思考、感觉、休闲、与外界建立联系和增强行动能力上，在这样做的过程中，她很快发现自己比以前有了更多的想法。用她自己的话说，她在很短的时间里变成了“一个非常不同的人”。她从生活的梦中醒来，这个梦安抚了她，让她相信她就是彼得的妻子和孩子的母亲，她有了新的自我觉察，这让她感觉到解脱和兴奋。她重回大学，她想知道生活是如此令人兴奋和充满希望，而她为什么会需要抗抑郁药。治疗很容易陷入关注伊娃的病因及她的消沉，而不是帮助恢复她自身的强大能力和活力。

要点

■ 自我不是我们被赋予的东西，它是我们所做选择的产物。

■ 我们做的每一件事情、每一个选择都是一种自我表达和自我定义的行为。

■ 对于贬低自己的事情，我们可以选择做或者不做。

■ 当我们反思自己的生活时，我们有可能获得了个人责任感和胜任力。

■ 作为人类，我们不断地改变，这种改变与我们的自我觉察相一致。

确定议题和问题

即使刚开始以一种隐晦的方式呈现，来访者也总是倾向于谈论对他们来说重要的事情，情不自禁地展示他们对生活的关注点和看法，因为他们存在着，并且他们的存在对自己来说很重要。所以，确定议题和问题取决于咨询师学习并尝试通过倾听来访者的关注点和看法，并将其转化为具体的可工作的问题。但是我们所说的存在主义议题不单单是被谈论的主题，更多的是一个人接触存在的方法。

我们总是在多个层面上运行：

■ 在生理层面上，即使我们都在不可避免地走向死亡，但我们仍保持着身体的活力。

■ 在社会层面上，我们试着去爱和被爱，然而，我们还必须学会处理反对意见和仇恨。

■ 在个人层面上，我们试图定义和建立自我同一性，同时在存在的根源上说，我们既渴望又害怕那些提供给比我们想要的还要多的选择的自由。

■ 在精神层面上，我们努力去感受和理解这个世界以及它的矛盾和冲突，同时又不得不忍受无意义、徒劳和伦理冲突。

例如，如果一个来访者在谈论被他伴侣吓到的感觉时，他谈到的主题是“我如何与我的伴侣相处”，那么存在主义的议题就来自与上述各方面相关的问题，例如：

■ 在生理层面上，来访者可能会有一种感觉，即在活着的有限生命中维持好的关系。

■ 在社会层面上，来访者可能会存在一种不配拥有亲密关系的感觉。

■ 在个人层面上，来访者可能会出现一种无法自主决定选择什么样的关系的感觉。

■ 在精神层面上，来访者可能会出现一种挥之不去的疑虑：如何判断对错，如何评价这段关系是有益的还是有害的。

存在主义的问题经常被它们的不存在所暗示，因此，一个议题表现方式之一就是不被谈论。有些东西可能在人们没有意识到时就产生了影响。人们常常不习惯用那种方式思考和谈论事物，或者，他们可能根本没有发现他们遗漏的问题。例如，一个在以效率和学习成绩为主导的家庭中长大的年轻人可能无法意识到，对他人产生喜欢和奉献的情感需求也会增加巨大的价值。当与伴侣的亲密关系出现问题时，这个存在主义的核心盲点就显露出来了，而来访者对自己感受的混乱和困惑，将导致围绕关系存在议题的新发现的需要。

处理议题和问题

记住，存在主义同时包含了所有这些层面，咨询师可以注意到，有多少对话是集中在这个或那个层面上的，或者其中哪些很少被提及，并且需要知道：

- 在目前的话题下，一个议题是如何呈现的？
- 既定存在是如何逃避或否认的？
- 来访者是如何变得有活力和满足的？
- 风险是什么以及如何避免？
- 这些议题有多大弹性？它们在什么情况下会发生？在什么情况下不会发生？
- 这些议题呈现的来访者的世界观和生活经历是什么？

存在主义的咨询师会记得把所有的干预都固定在当前的经验上，而不会过多推理或抽象。他们会从现象学的角度把来访者的注意力吸引到议题的存在或缺乏上。

简单地识别出这些问题本身可能没什么价值，来访者可能会觉得咨询师只是从他们的故事中挑选出一些元素，而不理解其中的原因。如果咨询师能提到所谈问题中隐含的悖论和困境，将是更有价值的。比如："一方面你喜欢单身，另一方面你却很少脱离一段关系，关于这个你能多说一点吗？它暗示着你生活中存在紧张感，甚至是矛盾。"

案例

澄清处理议题和问题

迈克是一个 42 岁的男子，拥有成功的职业生涯，他喜欢以远超法定极限的速度驾驶他的赛车。他有很多男性朋友和同事，他和他们相处得很好，他认为自己很受欢迎，不仅仅是因为他带着人们出去兜风或喝酒（并提供费用）。然而，他发现自己很难和女性建立一段恋爱关系。他非常健谈，也善于反思他在白天的工作中所经历的事件和积累的经验，但他对一个在第三次会谈中才提到的生活事件漠不关心：那就是他仍然和他的父母住在一起，而且从来没有独立生活过。起初，把这个问题提出来讨论是一种禁忌，他也不想在解决他所回避的自主性问题上获得任何帮助。只有当咨询师机智地指出他热衷于宣称自己精神独立，并且坚持自己决定提出或解决什么问题，迈克突然领悟并开始考虑他的生活方式阻碍了自主性。很明显，他对自己的依赖性深感羞愧，也正是这个原因阻止了他和女性恋爱，因为他害怕向她们承认他无法带她们回家，还必须直接介绍给他的父母。正式面对这些问题，并第一次大声说出这些问题，改变了迈克的自我认知。他马上就意识到，他不想继续把头埋在沙子里，或者羞愧地挂在上面。他想把自己的头高高抬起，在自己所在的地方，他可以选择按照自己的意愿去做，尤其是对女性。他突然想到，他的车只是个玩具，他从来没有真正给自己一个成长的机会，而是宁愿玩玩具。他卖掉了自己的车，把钱作为自己公寓的首付款。迈向独立和成熟的第一步之后，他的生活很快就转变了。

评论

咨询师注意到迈克不愿意和女孩约会可能会陷入各种各样的解释陷阱，比如迈克可能喜欢男性超过女性，他可能会和他的性取向斗争，或者她可能假设迈克害怕女性的注意，因为他可能受到母亲的影响。事实上，迈克很清楚他所谓的“放纵自己待在家中的懦弱”。正是由于这种懒惰的习惯，他把女人拒之门外，也削弱了他的自尊心。

要点

- 存在主义的议题出现在所有人类的问题上。
- 咨询师可以利用对主题的觉察来理解来访者的叙述的不同方面。
- 当来访者开始处理那些迄今为止被隐藏或者看不到的存在主义议题时，他们总会感到极大的释放。
- 主动性需要应当来自来访者，而不是咨询师，但咨询师寻求澄清的过程往往会促进这一发展，并会聚焦对议题的理解。

确认价值观和信念

“价值观”一词简单来讲是指我们赋予价值的东西，对我们重要的东西以及我们欣赏什么。价值观体现在所有的人类活动中。我们倾向于把它看作固定的、不容置疑的，这样我们就会感到更安全。但实际上，它的产生是出于我们对特定的个人和社会经验的理解，而后演变成明确固定的法则。

“价值观”是连接我们的线索，它给我们一种完整和联系的感觉，并构成了一种使我们的生活变得有价值的意义框架。作为人类，我们的任务是提出一个有弹性、连贯和稳定的价值体系，同时也要有足够的灵活性适应新的环境。很多来访者会谈到在生活中缺乏是非感和方向感。

存在主义疗法的价值观之一是鼓励人们去发现和遵循他们自己的价值体系，了解为什么它是重要的、为什么他们选择了它、它如何让他们与周围的人联系在一起以及如何将他们与所爱的人深深联系在一起。

作为咨询师，有时我们的任务是挑战来访者价值观的稳定性和刚性。

价值观和信念是个人道德准则的基础，这关于：

- 我想怎样过我的生活；
- 我想怎样对待他人并受到他人的对待；
- 我如何评价自己的行为和他人的行为；
- 我如何理解人类的存在；
- 我如何发展去获得总体目标和意义感。

我们所做的一切都表明了我们的个人价值体系，我们所有的行为都基于我们的信念和价值观。例如，早起的人认为早睡早起对身体好；晚睡的人认为享受生活，人生才有意义。

然而，议题和问题通常是明确的，但价值观和信念更加内隐。因为它们与存在的精神维度相关。然而，在治疗中，重点总是集中在来访者的具体经验、他们内隐的信念和价值观如何决定他们的生活方式上。通常情况下，来访者没有意识到他们的价值观对他们生活的影响。

从存在主义的角度来看，只有我们能忍受没有绝对价值的焦虑，我们才能选择自己的价值观。因此，存在主义咨询师需要准备好质疑和挑战价值观。我们只有首先了解自己价值观的意义，才能做到这一点。重要的是我们的价值观最终是作为个人选择和反思的结果而形成的，而不是默认或从众的结果。

与来访者的价值体系工作　我们都必须生活在我们不能选择的价值体系中，在很多情况下，我们会采用我们所熟悉的价值体系。没有人愿意自己的价值观被质疑，但生活中的偶然事件会迫使我们质疑它们。来访者通常在价值观受到质疑时来接受治疗。这让人产生了极大的焦虑，因为他们可能第一次意识到，要靠他们自己来理解一个他们已经失去了联系的世界。在重新评估价值体系的过程中，有必要决定某物的价值——它的价值是什么——是否值得为它牺牲其他东西。

我们需要考虑：

- 现在哪些价值观是有用的？哪些属于以前的生活？
- 被价值观所唤醒的感觉和生活世界是什么样的？
- 来访者的价值体系中是否存在矛盾以及他们如何应对这些矛盾？

■ 哪些价值观在没有反思和选择的情况下就被接受了，哪些没有？

■ 一个人把自己定义为那种相信并重视自己所做事情的人，意味着什么？

因为价值观是内隐的，相较于直接询问，我们更有可能从来访者的人际关系、想法和恐惧的对象及他们的行为后果中发现来访者的价值体系。还有一个线索是他们说话的方式。人们会说这样的话："这是不对的……"或者"这是不公平的……"。"你应该……"这个短语也表示一种价值观。这些可以从现象学的角度上看，注意个体持有的信念和假设。我们一开始听到"嗯，它就是这样，很明显不是吗"这样的回答，不应该感到惊讶。对于一个人来说，"事情就是这样"似乎是显而易见的，然而事实并非如此，因为他们根本没有反思过这件事。存在主义咨询师不会贬低或推崇某种价值观，他们会向来访者指出，他们的价值观体现在哪里，以及这些价值观如何导致矛盾或与现实中其他方面的紧张关系。

练习

想想在一个重要的问题上，你被迫重新思考自己的价值观。在活动之前、期间和之后，你会有什么感觉、什么想法、做些什么或者学习什么？

来访者提出的很多问题都是关于他们自身的价值观之间或他们自己的价值观与别人的价值观之间的冲突。比如，一个人想为自己买一些东西，但是又感觉应该攒点钱并把钱花在家庭上。这就在把钱花在个人身上还是别人身上产生了冲突。这种冲突需要被检验，在这个具体的冲突背后，我们可能会发现一个更深层次的冲突，例如，我们渴望被他人喜欢，同时我们也渴望做自己喜欢的事情。所有这些冲突背后的假设都可以被检验。如果来访者没有对他们的价值观和信念表示不安，那么就有必要把他们的注意力吸引到他们的价值观和信念上来。

处于危机或者处于转变过程中的来访者往往需要时间去适应不断变化的价值观，并允许他们自己从不同的角度思考生活，用新的价值观取代旧的价值观。

练习

■当你遇到一个和你有着同样价值观的来访者时，会是什么样的？

■当你遇到一个和你有强烈对立的价值观的来访者时，会是什么样的？

■什么让你认为你的价值观是最好的？这将如何增强或者干涉你倾听来访者的能力？

每段关系都是一个价值观遇到另一个价值观时会发生什么的例子，有时一个来访者与冲突的价值观的斗争也会与咨询师自己的纠葛相呼应。这种矛盾需要进行督导或个人治疗。通过治疗训练去认识基于价值观的矛盾，学会处理它们，并记住它们永远不会被消除。

有时对来访者所说的“这是对的”“那是错的”或者诸如此类的事情不回应是很难的，这些都是关于你自己的一些需要被认可、承认和归类的价值观的线索，意识到了这些，它们就不会过多地混淆你的视听。有了经验，这就变得更容易了。

在治疗中，来访者可能不同意你所陈述的价值观，比如，为缺席的治疗付费的政策。问题不在于他们是否同意，而是管理分歧的窘境。还有一种可能，双方的分歧被否认，并因为双方强烈的防御机制和自我保护情感而加强。这将最终导致治疗关系的破裂。

治疗是一个对随之而来的感觉、思想和行为进行反思的过程，来访者和咨询师之间在观点上总有差异，承认这种差异有助于治疗关系变得更加真实。有时，来访者发现这种差异性太有威胁，他们将会假装咨询师和自己有一样的观点。有时，咨询师发现公开讨论自己的价值观，以及把自己的观点放在一边以迎合来访者也会有威胁性。要轻松地面对冲突和差异，并能够以公平和清晰的态度面对差异，需要付出很多。而这也是咨询师训练的一个重要部分。

如果咨询师和来访者之间都足够开放和灵活，他们将会找到一个更合适的价值观。当咨询师在面对来访者的能引发他们共同焦虑的生活危机时，开始质疑自己的价值观是否正常，这种危机也会要求双方对什么是对的、什么是错的、什么是真实的以及什么是想象的进行回顾。

案例

面对价值观和信念

麦克是一位心理咨询师，他到哪儿都骑着自行车，而且从来不戴头盔。他向质疑他的人给出的理由是：不戴头盔没有任何影响，而且他也不喜欢戴头盔的感觉。他喜欢在骑车时的自由感觉，抵触人们对他习惯的质疑和挑战。他重视自己思想和行为上的独立性。一天晚上，他下班回家，在离家只有200 码的地方，他从自行车上掉下来并撞到了头。接下来他所知道的事情就是在当地医院听到医生们谈论他的伤势时苏醒过来，那时，他已经昏迷了 45 分钟。考虑到当时的情况，他的伤势相对较轻。康复后，虽然他依然骑自行车，但他买了一个头盔。

评论

事后回想这不可预见的与死亡的擦肩而过，迫使他重新评估自己的价值观。他承认在生活中，他不仅是一个个体，还是家庭中的一员，他发生的任何一件事情都将会影响到妻子和孩子（包括其他人），而且，他的责任要比他之前意识到的大，包括他对来访者的责任。他认识到如果他死了，那他对自己和他人就都没有用处了。这次意外事故之后，他和他们之间的联系更加真切了。童年时期，在当时的情境下，他所做的最初的选择是保持思想和行为上的独立性，随后，就演变成了不戴头盔这一决定。虽然当下的情景已与之前大不相同，但这一决定一直被坚持，是因为以前从来没有出现过对这一决定产生怀疑的场合。这个最初的决定被重新审视了，而且他认识到他可以在不被强迫的情况下做出一个更符合当下情景的选择。即使这个新的选择涉及牺牲之前的喜好，但这也是值得的。虽然他常常意识到其他道路通行者和行人的不可预测性，但他考虑不到意外事故。而在一次濒死的遭遇中，他的处境、既定的存在和他的责任感得到了关注，其效果是引发了巨大的改变。这次遭遇使他能够更加开放地对待那些面临突发事件和机遇的来访者，这样他们就不得不重新考虑自己的价值观。

要点

- 一个人的价值观是关于他认为的对他有价值的东西。
- 反映在我们生活中的价值总是有用且多变的。
- 一个人的很多价值观在很久以前就形成了，思考对现在来说哪些是有用的并偶尔进行重新评估是重要的。

■ 当自己的价值观和所采取的行动之间存在矛盾时，人们经常会感到焦虑和困惑。

■ 价值观的任何改变都会引起一些牺牲。

■ 价值观是将我们与他人联系在一起的东西。

情感是指南针

情感在存在主义治疗中处于核心地位，因为情感体验与我们的动机有着最直接的关系。感觉既不是完全由世界引发的，也不是完全独立于世界之外的。情感不仅仅是生理上的。它们不断提醒我们什么对我们很重要，什么对我们有价值。情感是我们与这个世界、他人和我们遵循的生存原则之间产生共鸣的证据。但是这并不是说情感是简单的或者它们的意义总是显而易见的。情感是人类经验的潮涨潮落，有潮流、暗流和逆流。它们就像空气一样，无处不在。

存在主义和其他一些传统流派之间的根本区别是，存在主义认为不存在本质上积极或消极的情感。我们给它们贴上积极或消极的标签，只是用来衡量它们是让我们舒适还是让我们无所适从，以及它们是引领我们走向我们所珍视的方向还是我们所畏惧的方向。情感将我们定位于我们的存在之中，并为我们提供行动、责任和选择的可能性和必要性。

但是这里仍然存在一个悖论：它在向我们指出什么是重要的的同时，也会让我们看不到其他选择。比如，我对我生活中的一个方面感觉到很害怕，我将倾向于认为世界的这一方面是可怕的，并减少对世界的其他解读。

因为情感与我们的基本困境息息相关，所以对一件事我们从来不会只有一种感觉，我们通常会产生复合情感。我们可能会感到充满希望和恐惧，兴奋和不知所措，或者感到内疚、愤怒和悲伤。这可能会让很多人感到困惑。

一个信任自己情感的人，在享受生活的同时也能寻找到一种方法引导自己度过人生的不可预测性。而对自己的情感失去信任的人，最终会否定情感，并通过这样做否定自己和情感的存在。他们变得空虚，感觉自己一无是处，直至不知道自己是谁。

在天平的另一端是一些被太多情感困扰的人。他们的情感可能会被放大以致阻碍了他们与世界、他人的良好接触，也阻碍了与自己的良好接触。

治疗期间是我们的情感被辨认和澄清的时间。当情感变得更加明显和清晰时，它们就能帮助我们在生活中找到新的方向。

存在主义心理治疗的目标是了解我们如何与我们生活中的事件产生共鸣，并学习由此产生的情绪和情感的重要性。

与情感一起工作

为了在治疗中更容易、更积极地处理情感，我们可以使用情感罗盘（见图5.1），这可以帮助我们认识一种情感的质量和意义以及它们指向的价值观和我们情感波动的方向。罗盘上的北指向我们的愿望和目标。当我们达到这个目标时，我们称之为幸福。罗盘上的另一极指向我们远离我们所预期的目标时能经受的底线，罗盘的底部位置通常被认为是抑郁。东边的部位，从北边到南边是我们抵制改变、反抗被剥夺我们所重视的东西的地方。这种经历的缩影就是愤怒。西边的部分，是我们所向往、所希望获得的体验的地方，在那里，我们觉得可能会真的上升到幸福的位置。以下是对各种中间情绪的描述。当然，情感罗盘上有许多复杂的变化，追踪和熟悉情感的微妙之处是很重要的。情感罗盘仅提供了一个大致的分析方向，增加了我们对普通情感范围内任意一种特定情感的理解，帮助我们理解情感的波动并接受它们不是随机的、无意义的或静态的。即使来访者认为自己的情感是静止的、烦人的，阻碍了他们的生活而来接受治疗，情感也不只是一个麻烦。我们需要帮助他们在情感中再次行动，理解情感传达给他们的信息。

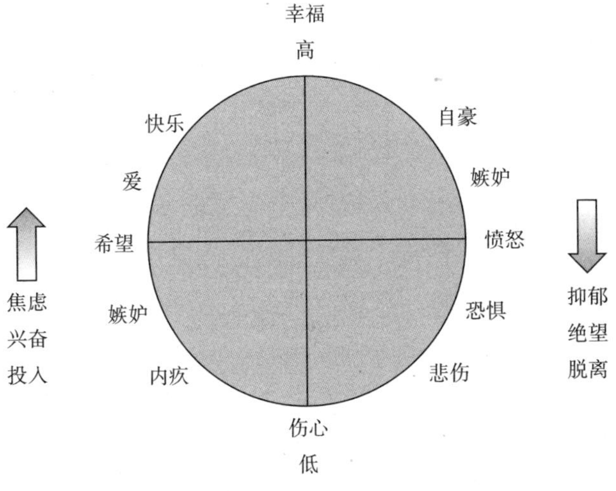

图5.1　情感罗盘

所有的情感都指向一种价值观，并指出我们关于它的焦虑或绝望的本质。从右上方开始，我们可以把每一种情感都理解为与我们想要达到和维持的价值有关。

■ 自豪表明我们对我们珍视和享受的东西习以为常。俗话说，骄兵必败，骄傲看起来像自信，但在他人看来是傲慢。

■ 嫉妒表明，我们珍视和享受的东西正受到威胁，我们试图去保护它，以免失去它。这看起来像谨慎，但实际上是占有欲在作祟。

■ 愤怒表明我们所重视的东西受到危险的威胁，我们觉得有权利通过最后的努力找回它。这看起来像是维护自主权，但实际上是侵略。

■ 恐惧表明我们不相信我们能挽回我们所重视的东西，我们想要从对我们珍贵财产的威胁中解脱出来。丧失的体验取代了占有的体验。这看起来像是自我保护，但实际上是怯懦。

■ 悲伤是对丧失的表达，它表明我们放弃了宝贵的财产，让自己变得空虚。这让我们回到了抑郁的谷底，在那里，我们很可能会沉溺一段时间，因为它提供了一种矛盾的安全和一种可能导致冷漠的放弃状态。这看起来像痛苦，但实际上是放弃。

■ 内疚表明，我们仍然经历着失去的空虚，但我们已经开始向上回调。我们将自己与可能会发生的事情相比较，我们已经渴望重新获得我们所重视的东西或重新获得新的价值，但我们目前无法做到这一点。然而，我们为自己的不足感到羞愧，尽管这可能会使我们采取行动。这种看起来像自卑，但实际上是懊悔。

■ 嫉妒是我们渴望获得一种新的价值，却没有意识到这样做是否切实可行。这是一种我们渴望在他人身上获得价值体验，但还不相信这对我们来说也是可以实现的。这是我们恢复自我欲望能力的前提条件。这看起来像渴望，但可实际上是竞争。

■ 希望是对这样一种可能性的意识，即我们实际上能获得一些有价值的东西，但与我们现有的东西还有一定的距离。现在，我们有了坚定的目标，也有了实现这一目标的信念，这看起来像勇气，但实际上是一厢情愿。

■ 爱是一种从我们的内心出发、渴求被周围的世界关怀并接纳或被珍视的体验，我们的目的是有明确意向地将我们的爱聚焦在对我们而言有价值的人身上，并与他们保持真实的关系。这种感觉看起来像激情，但实际上是执念。

■ 快乐是一种伴随我们所重视的东西带来的令人愉悦的成就而产生的情感，这感觉就像愉悦，但是也可能像轻率。它会让我们在获得我们最珍视的东西时感到幸福。这可能会转变为一种自满和骄傲，因此，这个循环可以重新开始。

来访者总是通过特定的方式来讨论他们的感觉：

■ 关于自由受限——“我想去看我妈妈，但是我太生气了。”

■ 关于太多——“过去的几周里，我太情绪化了。”

■ 关于太少——“我对任何事情都提不起兴趣。”

■ 关于不理性——“这毫无道理，我不知道我为什么会有这种感觉。”

■ 关于不是我的问题——“是我的伴侣让我这么生气的。”

■ 关于需要掌控感——“我只想掌控我的感觉，我只想它停下来。”

■ 关于错误的感觉——“我需要停止这种怨恨的感觉，并开始快乐点儿。”

■ 关于消极或积极——“我想要有更好的感觉，我不应该像现在这样。”

所有这些都表明，它们的意义并没有被完全理解，因为我们的每一种情绪都是有意义的，并且想要告诉我们一些东西。

感觉、情感、思维和直觉

情感是比较复杂的，因为我们可能会混淆各种类型的情感，或者对感觉、情感、思维和直觉之间的关系感到困惑：

1. 感觉是我们在身体层面上得到的东西，它来源于五种感官：听觉、视觉、嗅觉、触觉和味觉。当大脑接收到信息时，这些经验就会转化为情感，进而获得一种愉悦或不愉悦，快乐或痛苦的感受。我们的很多情感都是通过我们的感觉获得的，这些感觉告诉我们，我们是否喜欢或不喜欢某些东西。

2. 情感是一个等同于我们情绪生活体验的词，当我们表达或压抑以上所描述的情感时，往往没有意识到它们是什么。我们可以学着去澄清那些总是对我们最看重的东西感到吸引或排斥的情感是什么。

3. 思维可以影响我们对感觉和情感的描述或判断。它可以帮助我们澄清并理解我们的情感。有时候，思维取代了感觉和情感，这就会令我们无法触及我们真正的感受。

4. 直觉是我们在复杂的情绪反应和转瞬即逝的思维还未来得及反

应时，通过即刻评估五种感官的输入信息直接理解事物价值的方式。我们需要学会利用所有这些形式的意识。

感觉和情感分别与身体和情绪体验有关，而思维通常是试图解释，直觉是对我们的经验的评估。要学会协调存在于这个世界的不同层面的感受。当感觉变得更敏锐时，情感就变得更清晰，进而会使我们意识到更深层的思维和价值观。

这有助于咨询师引出来访者所有的经历，如果咨询师把情感定义为“重要的”或者“有意义的”而不是“有趣的”，通常效果会更好。“重要的”或“有意义的”表示激情的存在，而“有趣的”则暗指了一些值得注意但没有多大意义的事物。

案例

情感和思维

比较这两组反应

1. 情感

咨询师：当他对你说这些的时候，你感觉怎么样？

来访者：沮丧。

咨询师：具体来说呢？

来访者：嗯，真的很生气，对他生气，对我自己生气。

咨询师：那是一种什么样的感觉呢？

来访者：真的很沮丧……我想尖叫。

咨询师：你能多说一点那是什么感觉吗？

来访者：不可思议的强烈，但也很可怕。

咨询师：两种非常重要的感觉。

来访者：是的，也很熟悉。

2. 思维

咨询师：当他对你说这些的时候，你是怎么想的？

来访者：我不喜欢它。

咨询师：你知道为什么吗？

来访者：不知道，只是当我被忽略的时候我通常会感到沮丧。

咨询师：这是为什么呢？

来访者：因为我过去常被忽视。

咨询师：你认为这是原因吗？

来访者：是的，这也许能解释一些事情。

咨询师：解释你是怎么变成这样的？

来访者：是，或许是吧。我想这很有趣。

评论

通过专注于体验的情感层面，在很短的时间内，与停留在理论层面的思维相比，来访者能够接触到更深层次的体验。请注意词语“重要”和“有趣”的使用。

情绪和现象学

描述需要首先关注情绪体验，而不是间接的智力或认知体验。这抓住了我们体验的直接性，使得我们对我们的本质及我们强加给自己的限制有更加全面的理解。解释会使人偏离这种理解。

特别是在治疗初期，对来访者所描述的情景，我们可以利用自己的背景知识来获得一些关于“它可能是什么”的线索。在这种情况下，最好是从现象学的角度出发，问你自己和来访者：“你感觉怎么样?”“那像是什么?”或者“那种感觉像什么?”你需要检验并引导来访者自己描述，而不是猜测并妄下这样的结论：“你一定是生气了。”

第一个回应，“你感觉怎么样?”将会使你更好地了解来访者是如何体会自己的，我们该如何更精确地进入他们的世界。如果我们推测他们会说“生气”或者“害怕”，我们就提升了很多关于我们让自己进入他们世界的能力。

最后一个回应，“你一定是生气了”，尽管可能是对的，可以给那些不确定使用什么词汇来描述自己的情感或情感词汇匮乏的人一个建议，但是如果他们不确定该用什么词，他们可能会把你的建议当作指导，而不知道它真正的含义。同时，它也排除了其他不那么明显的感觉存在的可能性。

简单地询问“那对你来说像是什么”或者问一个人对某事的体验是什么要比只关注他们的感觉更好。

关键是鼓励你的来访者用他们自己的方法去感受自己的经历，去接触它、描述它、验证它、理解它并找到一种方式去处理它。

练习

想想你的生活，列出三项你有的感受：

1. 那些你经常拥有的感受；
2. 那些你偶尔会有的感受；
3. 那些你很少拥有的感受。

- 你对这些所列的有什么想法？
- 你是怎么学习表达你感受的词汇的？
- 你对那些你很少拥有的感受持什么态度？
- 这些感受是感觉、情绪、思维还是直觉？

了解你的来访者的情绪词汇 我们必须牢记，一个人表达他情绪世界的情绪词汇将会受他个人文化经历的限制。他的情绪词汇不可能充分表达他的经验广度。有很多词语可以用来描述感受，有的词语会比其他词语更容易命名和掌握。咨询师或来访者是否使用母语，会影响他们的感觉是如何被体验和理解的。用第二种语言说话会限制情感表达甚至体验的强烈程度。不同的文化偏爱不同的情感表达方式。通常无法体验的感觉会被付诸行动。一个对咨询师生气的来访者可能会很容易错过下一次治疗。我们需要意识到这一点，并做好提出这个问题的准备。

案例

用第二种语言说话

来访者：……而且这就是我来这个国家的原因，我需要离开。

咨询师：你想要表达什么呢？

来访者：因为我讨厌意大利的一切，所以我一直很喜欢英语并说英语。

咨询师：说英语？

来访者：我会忘事。

咨询师：比如什么呢？

来访者：我长大后的感觉是怎样的呢？是困惑、失落……你知道，我只是意识到我从来没说过“我爱你（意大利语）”，我现在还是不能，过去当我的父母说“我爱你（意大利语）”时，我很讨厌。但我可以轻易地说“我爱你（英语）”。为什么会这样？

咨询师：我不知道，你觉得呢？

来访者：它可以帮助我远离那些感受吗？

咨询师：可能吧，说出来感觉如何？

来访者：是的，说出来更困难，听上去也更容易受伤。

咨询师需要问自己：

- 我或者我的来访者在多大程度上能够感受到所有情绪？
- 来访者的情感词汇有多广泛？
- 他们经常使用什么词？
- 他们几乎不用什么词？

追溯情感困境

咨询师的目标总是通过干预促成来访者对复杂情绪体验更强烈的卷入，因此咨询师总是会用现在时态问问题，比如“现在是什么感觉”，而不是过去式“它过去是什么样的”。

这将有助于个体专注于困境的本质，并用这样的方式干预跟进，比如“那重要吗”“这和此刻的你有什么联系呢”或者“这对你意味着什么”等，这种追溯不仅对咨询师，而且对来访者来说，都是冒险且具有挑战性的，但通常会揭示一种两难的困境，即“一方面你感到（愤怒），另一方面你感到（害怕）”。那是什么样的感觉呢？

我们需要面对这种两难处境，这样它们产生的张力可以更有效地被使用。最终，这种困境只能通过选择来解决。情感回溯的目的是确保最终的选择与之前相比是在更自由和更有意识的环境下做出的。情绪与行为相连。

通过回溯最初的意图，我们将能够考虑：

■ 是什么导致我有这样的行动?

■ 我这样做的目的是什么？我该如何处理我生命中的新情况，使它成为我想要的未来的基石?

■ 我这么做，或者对与此相关的情绪及它所指向的价值观而言，会产生什么后果?

尽管这样会导致情绪的宣泄以及情感的表达，只有当我们熟悉并理解这些情绪时，它才会被洞察。和往常一样，这种感觉会让我们对当前的价值观和信念有更深刻的认识。

案例

处理情绪的影响

在一个朋友的建议下，凯特来接受治疗。她一直患有“惊恐症”，她的朋友建议她学习一些应对技巧。她被告知学习这些技巧仅需要几次咨询。咨询师从询问凯特惊恐发作的情景开始，她非常平淡地描述着：“我独自一人走在上班的路上，突然我就不能呼吸了，我想我快要晕过去了。”她不知道发生了什么事，而她的朋友告诉她这是一次惊恐发作。当回答关于当时感觉如何的询问时，她说：“我不知道……你是什么意思?我只是觉得我无法呼吸。”随后的咨询集中在她非常匮乏的情绪词汇上，她描述过去和现在的其他情景时总是不自主地忽略自己的感受，而去关注自己的想法或她认为应该思考的。在咨询开始阶段，她会读她上周活动记录，内容很广泛，但几乎没有留下对话的余地。慢慢地，她这样做的次数越来越少，在一次咨询中她说她得到了启示。她说：“你知道吗，我刚意识到一些事情，我不知道为什么我以前没有意识到，但我感觉不是我拥有的东西，它们就是我，这让它们变得很好，不是吗?”她说这是一个陈述，而不是一个问题。

评论

凯特早年的家庭生活有很多情绪表达但很少反思，因此，她变得对自己的情绪无意识，也无法用语言描述自己的情绪。然而，她也学会了一些管理或抑制情绪的方法。这些方法取得了很大成功，直到惊恐发作，情绪才蔓延开来。因此，她想要其他方法来控制它们。幸运的是，她对自己的心理世界充满了好奇，按照咨询师的要求，她探索了她的情绪意义以及没有注意到的原因。虽然花了几个月的时间，但是她终于可以理解她的情绪要传达的信息，虽然有些模糊，但能在复杂变化的情况中辨认出它们。

要点

■ 我们的情绪就像一个指南针，它让我们与外在世界、自我和他人进行联结，并在我们的存在中定位我们。它们指出了什么才是最重要的。

■ 情绪不是我们拥有的东西，而是我们自身的一面。

■ 情绪比语言能形容的要复杂得多。

■ 关注情绪可以帮助我们确定什么是重要的，什么使生活更有意义。

■ 当我们理解我们的感受时，我们就能帮助自己确定行动的方向。

选择和责任

“选择”这个词在生活中经常被用到，但是人们容易混淆选择与挑选。挑选是我们在选项之间做出的抉择。这些可能是对合作伙伴、假期目的地或菜品的选择。从存在主义的角度讲，选择意味着自己对刚刚做出的决定有自主权。在日常生活中，我们可能没有那么多选项，但是我们仍然有一个存在的选择，那就是为我们的行动方案负责还是不负责。正如莎士比亚在《哈姆雷特》中所说，“生存还是毁灭，这是个问题”（《哈姆雷特》第3章）。事实上，这里只存在一个问题，那就是为自己做出的选择和我们行为的后果负责，还是逃避或否认它。前者会让你对生活有一个更大、更热情的投入，后者会让你对生活投入更少，并假装一切都没有发生，或者觉得其他人要为生活中出现的错误负责。这也可能导致我们完全退出。

因此，被动地不选择和我们可能做出的任何一种积极选择一样具有强烈的影响。我们已经看到，我们如何被普遍既定的存在以及我们自身存在的条件所约束。这些是指导我们做出选择的界限。

我们不能因为我们的行为及其后果责怪任何人。我们依靠自己的力量生活。这也适用于发生的积极的事：如果我们承认它们，我们就不能把它们当作偶然因素而不加考虑，我们可以把它们的发生归因于自己。

伍迪·艾伦的电影《罪与错》的结尾有一位哲学家说：我们在一生中都面临着痛苦的决定和选择。其中有些决定和选择影响深远，有些影响较小，但我们通过自己做的选择来定义自己。我们实际上是这些选择的总和。

这意味着我们所做的每一件事都是以某种方式进行的选择。即使不选择也是一种选择，也有其后果。我们没有办法避免生活带来的这些挑战。我们的自由选择让我们从决定论中解脱出来，并让我们在选择的基础上为自己承担责任。这是一定的。

用选择与责任工作 所有存在主义咨询的一个基本原则是：向来访者提出或反复提出这样一个事实，即他们不仅对他们现在所处的情境负有责任，而且他们对情境的改变负有责任。

案例

与选择和承诺一起工作

保罗去做了他所谓的“生涯咨询”。正如他所说，他的问题是：是留在目前的工作岗位还是换一个新的工作。他不能做出决定，想要通过咨询权衡每种选择。在他看来，他需要做的只是对每一份工作的利弊有一个更清楚的认识，然后他就会得到答案。每次咨询结束时，他都会得出一个结论，然后下次咨询时这个结论又会被推翻。他不明白自己做错了什么。他很随意地说：“如果谁能替我做决定就好了。”他认为过去的工作决策都是为他量身定做的。

对他来说，也许有事情会发生，这与两份工作的相对优势无关，而是与不选择的后果有关。他勉强同意了，说他都不想放弃。“如果我选错了怎么办？”他说，“那都将是我的错。”“如果你不做决定，这也会发生。”他的咨询师说。当他意识到不选择也是一个决定，并且是一个令人感觉不那么自豪的决定时，转折点毫不意外地来了。“无论我选择哪一种，去、留或是拖延，都是我在做决定，而且每个选择都意味着拒绝其他选项。”

评论

保罗实现了从认为做决定就是一项需要把已经确定的和可预见的正反观点加在一起的技术练习到认为做决定就是需要承担未知的风险以及由此产生的后果的观念转变。回报无论是“成功”还是“不成功”，都是一样的，都会令他获得更大的自主权和自己生活的拥有权。这将是可怕的还是令人兴奋的，取决于他如何看待它。

要点

■ 选择是为我们行为的后果负责，还是逃避承担责任。

■ 我们需要了解我们实际上所能承担的责任和我们无法承担的责任。

■ 当我们意识到生活的风险时，我们就可能从我们的恐惧中解脱出来，并敢于与焦虑同行。

■ 为自己行为负责的能力将让我们认识到，成功的关键在于坚持，而非运气。

焦虑：真实性、内疚和不诚实

虽然我们可能不会一直积极思考既定存在，但在日常生活中总会有事物不断地提醒我们。疾病提醒我们思考脆弱和死亡；关系的丧失提醒我们思考我们的孤立和我们对他人的需要；不按我们计划发展的事件提醒我们思考自由和机会；发现我们对存在的信念仅仅是信念不是事实，提醒我们无意义和不确定性的存在。

这些生活的困境至少在某种程度上会消耗我们，因为它们是无法解决的，而我们还希望能够完成任务。它们唤起了一种让我们无法忽视的背景音，即让我们尽力而为。它们是我们生活中不确定的背景，我们称之为存在焦虑。

作为从业者，我们需要从日常个人对特定事件的反应中区分存在焦虑与本体焦虑。这些反应例如压力、焦虑、恐惧、抑郁、失眠或成瘾等，都会从我们生存脆弱性的潜意识隐藏的力量中释放出来，并助长我们基本的存在焦虑。可以说，三分之一的痛苦是本体性的，另外三分之二的痛苦是因为我们不能接受那三分之一的痛苦。每天的焦虑都是对存在焦虑的一个暗示。比尔・沃特森[1]曾在他的连环漫画《探险的卡尔文》（见图5.2）中阐明了这一点。

1 Bill Watterson 美国作家，著有《探险的卡尔文》。

图5.2 存在焦虑不安的本质

对存在的事实进行反思必然带来焦虑，这种焦虑我们要么拥抱它，要么逃避，要么否认。但每一种选择都有其结果：

■ 拥抱焦虑的结果是获得一种充满活力和兴奋的感觉，这也是创造力的源泉。这就是抱负，即想要做一些你以前没做过的事，不害怕在生活中冒险，也敢于面对结果。这就是真实，真实的含义与真实的或最接近本真的自我无关。从存在主义的角度来讲，既然谁也不能达到本真，那我们就不能说一个人是真实的。本真是海德格尔所使用的术语（Eigentlichkeit，意思是“自我”或“现实”）的英译，同时，存在主义中的“真实”含义的最大线索是“authorship”中的前四个字母“auth”。它是指一个人能够对存在开放的程度，预见存在的真相，监督存在的困难，并为他们选择的结果承担责任。真实无法标准化或规范化。一个行为的真实性取决于它是不是在完全了解情况和预知潜在后果的基础上被选择和执行，真实的生活是有意识的生活。

■ 逃避和否认的后果，等同于逃避和否认生活。阻力最小的道路通向存在最弱的地方。这是不真实的，是对真实存在和个人责任的否定。不真实生活的一个特点就是一个人自以为是，把生活看作一个需要解决的技术问题。它通常表现为做我们认为会取悦别人或做我们认为他人期望我们做的事情。

这两种选择都很难持续，因此我们更喜欢单一地探讨真实或不真实。在我们的态度中，每种都有一些。有时我们需要保持低调，不那么真实；有时，我们又能够真正地拥抱生活，做真实的自己。

只要我们记住以下内容，真实可以仅作为心理治疗的一个目标：

■ 这是对意图和方向的一般性陈述，而不是对某一特定结局或结果的期望。

■ 它不是一种规范。

■ 我们永远无法摆脱不真实，并且任何声称可以摆脱它的主张本身就是不真实的。

这种不真实导致的不安被称为存在性罪恶感。这与我们每天做一些不该做的事情时感到的愧疚不同。也与当我们仅仅因为学会了害怕自己，因为行动自由而觉得自己做错了什么事时的神经质的罪恶感不同。存在性罪恶感是当我们意识到我们本可以做得更好时却未能发挥我们的潜能时产生的一种感觉。当我们对自己撒谎时就会产生。这是自我欺骗。萨特称其为“恶意”，即对我们自由和责任的否定。当某事是真实的而我们否认其是真实的，或某事不是真实的我们假装它是真实的时，就会产生恶意。这通常意味着，当我们知道自己应该做点什么时，我们却不采取行动，或者当我们可以做点什么的时候，我们却假装无能为力。这是一种背景意识，即我们要持续对自己的生活负责。

存在主义疗法需要把这些关注点当作治疗工作的基础。图5.3说明了人们如何不断地经历不真实和真实的意识循环。

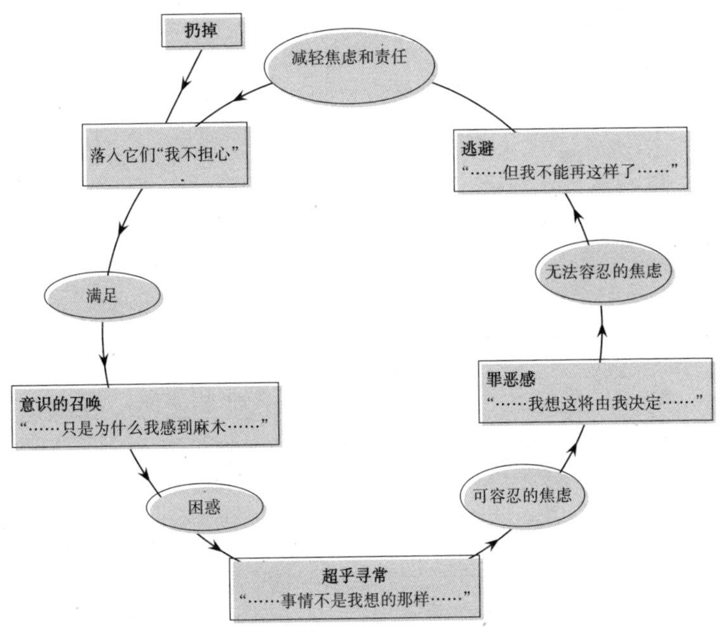

图 5.3　本真的存在循环

处理真实和不真实　在治疗中，可以从来访者否认她生活的自主权和责任或对他人负责的方式中看出真实的相对存在或缺失。存在主义咨询师会对这些问题保持警惕，当时机合适时，吸引来访者关注这些方面。

■ 代词切换。这是指人称代词"我"被其他代词或其他人替代。这样做的目的是将当下的感觉推到一边，从而降低自己对问题的责任，当问题变得更加敏感时，通常人称代词“我”会变成一个非个人化的“你”“他”“她”“他们”或者“人们”。

■ **过度提及过去**。比如告诉咨询师过去发生了什么，而排斥谈他们现在发生的事情或者他们希望未来实现的目标。这包括用过去来解释现在，例如“我之所以这样，是因为发生在我身上的事情”。

■ **过度提及未来**。比如专注于将要发生的事情，通常是在某一时刻而不是在不久的将来。它还包括制订很少付诸行动或评估的计划。这是一种一厢情愿的想法。

■ **被动而不主动**。就像把自己看成是由他人决定的，在决定自己想要什么之前，先看看生活中的其他人会怎么做。

■ **视咨询师为权威**。这有两个方面，一方面是，来访者依赖咨询师的权威，通常表现为来访者询问该做些什么的建议，或者尝试利用咨询师的理论知识猜测咨询师的偏好，或者同意咨询师所说的一切。这些都难以抗拒，尤其是最后一点，因为我们都喜欢认为自己的干预是正确的。我们必须记住，我们不是一直都是正确的，我们的目标是对问题进行讨论，而不是认同我们是正确的。另一方面是来访者畏惧咨询师的权威，由于害怕被评价而过度谨慎地不透露任何事情。

■ **咨询师的贡献**。咨询师必须与真实/不真实共存，但同时也要意识到这一点。

代词切换、过度提及过去或未来以及被动而不主动会降低治疗效果。此外，咨询师利用她的权威把知识和权利强加于人也是危险的。同样，否认她知识和经验的权威性将导致无效的治疗关系。

案例

代词切换

来访者：……然后它对我大喊大叫。

咨询师：嗯？

来访者：这是不对的，是吗？

咨询师：你说“它”是指什么呢？

来访者：人们不应该和别人这样说话，不是吗？

咨询师：但你呢，你不喜欢它，是吗？

来访者：当然，我不喜欢，没人会喜欢，是吗？

咨询师：不过，你觉得怎么样？

来访者：你觉得怎么样？

咨询师：我不知道，而且我觉得很难向另一个人承认，我觉得很受伤。

来访者：是的，我想是的。我很难意识到我的感受并谈论它，但我确实感到很生气。

评论

来访者发现很难为自己的受伤感承担责任，也很难通过将其正常化来获得自己经验的有效性。他们通过求助于以咨询师为代表的他人将他的经验权威外化。而咨询师则始终专注于这个基本问题，并请来访者反思自己的处境和感受。

案例

处理真实与不真实

扎克来做咨询，抱怨他无法入睡，在工作中也常发脾气。他的主管经理建议他来做心理咨询。他说："这不是我……我想回到我本来的样子，回归真实的我，我希望你可以给我一些专业的建议，告诉我这是怎么回事。我了解过这类事情只需要几次咨询就可以解决。"咨询师回答说："我想我不会给你任何这样的建议，但我能确定的是我们可以一起努力找到一些。" 扎克说："哦，好吧，你是专家。"咨询师请扎克谈谈他目前的生活。他认为自己是帮助他人的人，"能为别人着想是件好事，不是吗?"他说。他还说他的"生活很正常，没什么特别的。只是人们在工作中总是做些愚蠢的事情，故意激怒我，比如……"他继续讲述其他人做事的方式。虽然这不是咨询师的行事风格，但她打断了扎克，问他对某件事的感受。扎克说："生气吧，我想，但任何人都会，不是吗?"咨询师说："也许他们会，我不知道，但我问你感觉如何，而不是别人的感受。”扎克看不出有什么不同。

他最近换了工作，这意味着他现在更自主了。他承认这是一个挑战，但他想向他的主管展示他能做到这一点。“他们真的是好人，他知道自己的职责。”

他总是对咨询感到困惑，他说最近的问题是，他的经理鼓励他来，但他的同事发现了并对他提出了批评。他说：“你怎么想？你认为我应该来吗？”他的咨询师回答说：“我要你来还是不来远远没有你决定是否要来重要。”这让扎克发现自己很难知道自己想要什么，他最终意识到他习惯于视他人为服从权威，放弃自己的想法。

评论

在很长一段时间里，扎克学会了很多方法（比如代词转换和视他人为权威）来避免知道他想要什么、感觉怎样和需要什么，他已经成为了解别人想要什么，并准确地遵照行事的专家。由于他的新工作是需要自主性的，这就开始不再起作用了，他被重新赋予了自主权，但他发现自己几乎没有使用或依赖它的经验。对他来说，有一个可以帮助他了解发生了什么，以及了解如何找回自我的咨询师是至关重要的。

要点

■ 意识到无法解决的存在困境总是会引起焦虑。既然焦虑是永远无法消除的，我们的任务就是找到与之共存的方式，甚至可能依靠它茁壮成长。

■ 真实不仅仅是做你自己或做真实的自己，它也是关于要求自主，对我们的行为和生活负责，它要求我们了解生活。

■ 不真实或自我欺骗与真实一样是我们生活的一部分，因为不可能时时刻刻意识到存在的所有因素。有时候我们只是需要继续做下去。

与梦和想象一起工作

从存在主义的角度来说，梦是想象的产物。这包括传统意义上我们在睡觉时做的梦，还有白日梦、幻想、我们编的故事、我们画的图画、我们写的诗或者我们对未来的愿望。它还可以包括对我们有意义的电影或书中的一个故事。

梦是我们日常生活中不可或缺的一部分——它们是我们睡觉时思考和感受的方式，它与我们清醒时如何思考和感受同样重要。它们可能不那么容易被理解，但并不意味着它们可以被忽视，而且远非如此。

它们是我们书写个人神话的一种方式，关于我们是谁，我们是如何变成这样的以及我们想成为什么样的人。我们所使用的梦境图像将会根据其唤起的情感的力量而非文字的准确性来进行选择。这就是梦的语言与日常用语经常不同的主要原因。

我们总是会不经意地在讲述过程中对梦进行编辑，而且在真正看梦之前，我们很容易陷入解释和判断梦的真正含义的陷阱中。咨询师也必须抵制这种诱惑，不管其意义看起来多么明显。就像诗歌一样，对梦的解释需要综合多种因素，而不是受单一因素影响。如果仅凭某一因素来释梦，那么就是过度解读了。这意味着，对于梦的解释没有一个因素是正确的——也不是两三个因素是正确的。但这并不意味着任何因素都和其他因素一样重要。梦的意象是由做梦者通过做梦产生的共鸣决定的，而这将永远由做梦者决定。

存在主义的问题可能会更清晰地出现在梦境和故事中，因为它们是我们向自己呈现自身存在的方式。因此，它们包括我们日常生活中所有典型的否认和逃避、矛盾和困境。它们也包括以下四个方面：身体的——化身，社会的——亲属关系，个人的——自我，精神的——我们的整体世界观。这些存在与不存在的意义是需要理解的。

探索梦境的方式与探索来访者带来的其他事物的方式一样——从现象学角度看——为了揭示梦的含义，咨询师会鼓励做梦者在没有日常思维逻辑和反应的情况下，讲述梦中的经历。但是因为这些含义往往不那么容易理解，所以我们需要非常小心，不要把我们的意义强加给来访者。

我们可以通过以下方式系统地探索梦。不要引导，你的任务就是让来访者寻求更强的卷入。记住：这是做梦者的梦，而不是你的梦。做梦者必须保持主导解梦的过程。当咨询师接手时，他就接管了来访者的自主权。同时也要知道，所有的结论都是暂时的，做梦者会发现其中的意义。也许探索一个特定的梦不会产生什么结果，但它不能被推进，也许它的意义在没达到某一时间点时还没有准备好被揭示。

在第一次讲述一个梦的过程中，在来访者讲完之前，尽量不要寻求澄清：

来访者：我在一辆车里……进行一次长途旅行……我不知道在哪里……和其他人在一起，我不认识他们，车里很热，窗户也没有打开。

然后，与其问来访者的想法是什么，不如问问他们讲述梦的感觉：

来访者：我不知道……有点不舒服……不舒服。

根据所揭示的内容，然后让他们再次告诉你这个梦，但这次是使用现在时态。要求尽可能详细、完整地描述，包括背景场景和气氛，也包括任何在场的其他人或生物。有时候，让来访者在描述时闭上眼睛是有帮助的。

来访者：我在一辆车上……我在车后座上……我觉得这是我父亲的第一辆车……我们去某个地方，去度假我觉得……将会花很长时间……还有另外三个人，我的父亲开车，我不认识其他两个人，我坐在他们中间，他们在聊天，但是我不能看到他们……很热……窗户打不开……我能闻到皮革和汽油的味道……我的手搭在车门把手上，我觉得不太舒服。

再问一下复述时的感觉是什么，并引出他们想到了什么：

来访者：我小时候总是这样……假期……不知道去哪儿以及和谁去……我想和我的朋友和我的妈妈在家……即使是现在，我不喜欢待在狭窄的空间里，我喜欢待在家里，也许这就是为什么我从不学开车。

现在时态的另一种选择是把梦说成一系列的情绪而不是事件，但仍然是现在时态。

来访者：我很焦虑，有点害怕，但也有点兴奋、孤独，想念妈妈。我讨厌和这些贪图自我享受、孤立、做作和沮丧的人在一起，但是我却无能为力，什么也做不了。

当你完成这些的时候，就和来访者一起系统地探索了这个梦。不要去解释，但要问他们梦中的东西会让他们想起什么，想象着从前文说的四个方面入手。这必须仔细地做，以下要点并不是用来做调查问卷的，而是作为指引。

探讨生理层面

■ 做梦者所处的物质世界是什么？是自然的、人造的还是幻想的世界？

■ 所观察到的规律是什么？所遇到的物质现实是什么？

■ 遇到的物体、动物、生物是什么？

■ 所经历的感觉是什么？

■ 在这个物质世界里，做梦者是否感到安逸？他是安全的吗？

■ 做梦者能控制运动和行为吗？他是主动的还是被动的？做梦者自身的身体体验是什么？

■ 与他人有身体互动吗？

来访者：一切都很熟悉，但又很不寻常……这让我想起了我8岁的时候，我和爸爸以及他的新家人一起过假期。我不喜欢他们。我只是被带到那里然后又被带回来，从来没有真正地知道要去哪里，也不知道要停留多久。感觉被困在了那里。我离那些我不认识的人太近了，我能闻到他们的味道……这让我想躲在角落里。

探讨社会层面

■ 文化背景、社会背景以及政治背景是什么？

■ 做梦者在梦里是孤独的还是与他人有联系的？他或者她是重要的，还是杰出的？是无名的，还是只是一名观察者？

■ 梦里还有多少人？他们是亲密的、熟悉的，还是遥远的、陌生的？他们是友好的，还是带威胁的？是有帮助的，还是危险的？

■ 对于做梦者来说，他们是男性还是女性，年长的还是年轻的，相似的还是不同的？

■ 有合作、欣赏、团体互动吗？互动是敌意和有威胁的，还是有爱的或者渴望爱的？

来访者： 这些人是谁？我不知道。他们和我有关系吗？似乎有，但我不认识他们，他们无视我，仿佛我不存在一样。我有很多事情要做，但我不知道为什么要做。亲密、压抑，但不可触摸，不可触碰……可怕。我讨厌它，我不喜欢拥挤的人群，甚至不喜欢聚会。

探讨个人层面

■ 梦中的个人世界意味着什么？

■ 做梦者是强壮的，还是虚弱的？自信的，还是犹豫的？

■ 他/她是否有一种认同感，并且承认这种认同感？

■ 他们是否知道他们想要什么？

■ 梦中的行为所勾勒出来的性格特质是什么：是勇敢还是懦弱，是聪明还是愚蠢，是自立还是依赖他人？

■ 梦里的人是什么样的人？他/她的行为和动机是什么？

■ 他/她的意图和目标是什么？

来访者： 我想要什么？什么也没有。不，那根本就不对，我只是等待这个假期赶紧结束，我可以回家见我妈妈……你知道，我看到一张我和爸爸一起度假的照片，我在微笑，我想我一定很开心，我猜，但并没有那种感觉……我想让他认为我很开心，其实我不开心……但我不能表现出来……他似乎看到我很高兴，但是……我现在感觉很糟糕，他死了，我不能告诉他我有多爱他。

探讨精神层面

■ 梦中所表达出来的世界观是什么?

■ 做梦者认为他/她生活在什么样的世界里?

■ 这个梦展示出了什么样的品德?

■ 是什么让这个梦有意义?

■ 做梦者所表达的祝福和愿望是什么?

■ 在一天结束的时候，来访者认为真正重要的是什么? 什么妨碍了它的实现?

来访者：我想大家都很好，我想如果我不打扰他们，他们也不会打扰我。我知道我应该怎样做。我不能要求太多，我没有活动的空间，但他们不会伤害我，无视我就好。这是肯定的，他们决定的。我没得选。

考虑以下几点：

■ 做梦者和梦中人之间是什么关系?

■ 是做梦者做梦，还是在梦里看着自己?

■ 做梦者对梦的态度是什么?

■ 做梦者对做梦的态度是什么?

■ 在梦中涉及的咨访关系是怎样的?

■ 这个梦可以被认为是系列之一吗?

当你仔细地探索完所有的方面后，问做梦者，这一切如何应用于他们的日常生活。正是在这一点上，你可以知道哪些元素被遗漏了。

■ 做梦者从他/她自己的风格及生活方式中学到了什么?

■ 他/她对自己的态度和行为及其可能的后果中学到了什么?

■ 对未来有什么启示?

■ 在梦里，矛盾和困境是什么?

■ 通过梦中的启示，在日常生活中做梦者可能需要做什么改变?

■ 关于存在信息是什么?

来访者：就像每一个东西一样，不是吗？我是别人计划中的一部分。你问到车门把手的事情——我可以出去，但我没有。我想去也想留下来，就像我的男朋友吉姆一样。人们都很好，但我想让他们先迈出第一步。很傻，不是吗？如果我出去或者和他们交谈，会有什么不同？有可能他们不想和我说话，但是他们并没有这样做，是我让事情变成了这样。恐惧比事情本身更可怕，它也不能变成我想要的那样。就像我们上周说的，不是吗？我希望你问我问题，然后我不回答。

要点

- 梦是想象的产物。
- 梦有多重含义。
- 来访者是梦的意义的最终评判者。
- 梦必须从现象学的角度进行探索。
- 梦的含义将通过仔细描述被揭示。

心理治疗中的来访者最需要什么？

如果真正的成功是努力把一个人带到一个明确的位置，那么首先必须不辞劳苦地找到他所在的位置，并从那里开始。这就是帮助他人的艺术秘诀。

——索伦·克尔凯郭尔

基本原则

大多数的来访者只是想通过心理治疗改变现状，然后拥有更好的生活。至于心理治疗是如何开展的，他们并不感兴趣。有一些来访者，他们已经到了生命中某个无法坚持下去的时刻，可他们又不知道怎样才能改变眼下的困境，而且生活还得继续苟且着。又或者，当他们不想一次次掉进陷阱、一次次钻进死胡同时，他们就会希望得到一种能够减轻痛苦、缓解症状的治疗方案。来访者的这个期望，常常使得存在主义心理治疗师陷入困境，因为我们会把抑郁、恐惧、成瘾或者焦虑等这些表面症状当成人们对自己生活不满意的指示器，而不是仅仅看作可以通过谈话疗法或者药物治疗就能治愈的无关紧要的小毛病。

存在主义治疗师做出诊断的基础往往包含来访者逃避和拒绝现实的方式。因为来访者的每个症状背后都会有一个他们无法直面的困境。从本质上来说，当来访者不再像以前那样自然地、习惯性地去回避和否认，还想要开始用一种新的途径来解决问题，却又感觉找不到合适的方式时，他们就会来寻求心理治疗。

因此，治疗师要做的，就是找到一种方法去认真对待来访者对问题的担忧以及他们对解决问题的渴望。当然，同时还要保持一种挑战存在主义的开放心态。不过这一点在实践操作中还是很有难度的。因为许多来访者只会在某一段时间去面对或者尝试解决自己的问题，或者在症状暂时缓解之后就停下来。所以之后他们就不得不用药物治疗。而就算是那些不得不长期依靠药物治疗的来访者也知道，他们在某些时候、某种程度上也必须要断药。在我们过去几十年所做的许多心理治疗中，几乎没有遇到过哪一位来访者会欣然选择无限期接受药物治疗，哪怕他们中的很多人很清楚地知道这是自己必须要做的事。他们知道，如果自己不能正视并尝试改变那些导致他们不得不服用药物的根本问题，那些问题就将会一直存在。当然，他们也知道，有时候药物治疗是必要的，也很有效果，可药物终究只能在一段时间内缓解症状。还有很多来访者抱怨药物治疗并不能缓解症状，有时甚至还会使情况变得更糟。

所以，尽管来访者都很想要达到直接的、快速的治愈效果，可他们也知道那是不太可能的。为了好起来，他们就需要付出一些真正的努力，去直面自己的问题和困难。

面对那些希望快速缓解症状的来访者，或者是希望治疗师像专家一样指导他们该如何做或是如何思考的来访者，我们最好从一开始就向他们说明：存在主义治疗师可能不是他们最好的选择。其实存在主义疗法是很难和这样一些来访者一起开展治疗的，比如那些并不关心人类生存的总体状况，也很少思考他们自己生活方式的来访者。有时候，来访者会在最初的不情愿和怀疑之后才开始慢慢配合存在主义的治疗。

一般来说，来访者都很希望：

■ 治疗师能够理解他们，同时他们也很想通过自己的努力，最终更好地了解自己。

■ 在他们试探性地步入未知世界时，治疗师能够支持他们；

■ 治疗师能够和他们在一起，让他们感到自己不是唯一一个有这样感受的人，也能让他们在面对那些自己应该做到而没有做到的事情时少一点羞耻感。

不过，如果只是简单地给予来访者一些保证，他们是不会产生这类希望的。他们需要在我们的帮助下，自己去发现所有这些神奇的东西，通过经历真正懂得自己的内心。其实，存在主义治疗本质上就是一个揭示和发现的过程。

困境、冲突和紧张

在存在主义治疗中，来访者的问题其实就很有力地表明，他们已经强烈感受到了那些亟待探究的人类困境。现实中，来访者的很多问题实际上都是很复杂、多维的，可是它们却常常简单地被归纳为两极化对立。尽管这样的两极化是一种很简便的方式，但实际上它也会使问题变得更加棘手，因为它没有把眼下这个困境的其他方面、角度包含在内去考虑，而恰恰是因为少了这些方面，我们就会更难理解这个困境。这种非此即彼的解决问题的方式，总是引导我们想方设法用一种感受或是想法去代替另一种。在这些情况下，我们需要让来访者往回看几步，和他们一起从多个角度重新思考这个问题。也许我们对来访者可以多说这样的话：

■ 请稍等一下，让我们再一起看看，也许现在还不能下结论。

■ 也许如果我们再回头看看来龙去脉，或者更仔细地考虑一下会比较好。

■ 我注意到，在这个部分，你的假设比较多，我感觉你在这里的不确定性也很多，对吗？那么让我们在这里停一下，再仔细看一看这个部分，你觉得怎么样？

有时，人们很难做出决定，因为他们放弃了原本不该放弃的东西，但他们却不愿意承担放弃的后果。他们还常常抱着这样一些幻想，比如自己不必放弃任何东西，或者他们会错误地认为，自己可以通过不选择或通过让别人或环境为他们做出决定来避免焦虑。治疗师需要辨识出他们的这种犹豫，然后鼓励他们做出进一步的探索。

在治疗最开始的阶段，来访者为了能够寻求快速和明确的治愈方案，他们通常会向治疗师直接提问。他们会问："我应该做些什么?"或者说"你是专家，你认为我的问题如何解决呢?"而许多受过训练的治疗师都知道，当来访者提出这种问题时，我们是不应该直接去回答的，相反，也许我们当时可以用一些看上去有点尴尬的沉默来应对，或者就跟来访者反馈一下我们的感受，告诉他们现在他们正在做的其实就是依赖他们想象中的治疗师的知识。但是，这些话一定会激怒来访者，或者让他们觉得特别失望，尤其是在治疗的初始阶段。而且治疗师还可能会错误地认为来访者通常都很容易去自我反思、觉察。有时候确实是这样的，但更多的时候，来访者则会因为自己没有成功推卸责任而被激怒。如果干预真的是在正确的时间进行的，那一般都不会没有效果。而且，就像我们之前讨论过的，沉默常常是一种非常强大而又蕴含大量信息的暗示。可是，当来访者感到绝望或者困窘时，沉默就是不适当的，因为这会让来访者感到治疗师是在他们寻找方向时拒绝向自己提供帮助。这时，来访者就很可能会感到自己是被治疗师伤害或者抛弃了。

面对来访者提出的上述问题，治疗师更偏向于用存在主义方法，即鼓励来访者以一种新的方式考虑他们的困境，还可以问一问他们："当你不知道该怎么做或者不知道答案是什么的时候，你是一种什么感觉呢?"来访者可能会跟治疗师说："这种感觉实际上非常糟糕，但我真的希望你告诉我答案是什么。"在这一点上，我们可以让来访者考虑一下，这是否真的是他们想要的，或者他们是否已经学会了自己寻找解决问题的方法。

大多数人都知道，当他们迷路的时候，最好能有一张地图，这样他们就可以找到自己的路，这种感觉会比被人蒙住眼睛、被动地把他们带到安全的地方（或者陷入僵局）要好。我们大多数人都很重视自己的自主权和使命感。但是，与只告诉我们去哪里相比，对我们的目的地有一个清晰的概念也很重要。所以治疗师在治疗最开始的时候需要帮助来访者明确他们的方向、治疗目标和愿望。

在这一点上，我们就需要更加直接和客观地与来访者沟通，同时对他们的反思、理解和行动力要抱有信心。这也意味着要直面问题和困境，当然同时还要带着他们一起学习如何慢慢地、一步一步地实现这一目标。

通常还有一个策略可以采用，那就是先与来访者就某一问题达成一致意见，比如，"我同意你的看法和理解"，然后再将这个问题重新表述为一个两难问题，比如，"似乎你想要促成这个改变，却又觉得不能适应，是吗?”这样我们就可以带领来访者一起探索在这个问题中各种相互矛盾的因素。在这个过程中，我们要求来访者描述他们的感觉、感受、想法或者直觉，而不需要证明、解释或者做什么整理。这一点在实际操作中会存在一些困难，因为我们的确很难同时体验到相反的感受。但这个方式最终会让来访者看到困境的各个方面。

■ 最有效的存在主义干预措施之一是描述进退两难的状况，例如：“所以，一方面，你感到愤怒/失望/胜利，但另一方面，你也感到伤心/宽慰/有罪。”这样的话后面通常跟着问：“这种紧张感是什么样的呢?”

通常只有通过超越这些感受才能有效地克服困境：这意味着要从辩证思维的角度出发，将困境的各个方面纳入我们最终选择的解决方案中去考虑。举个例子，假设有个人拥有一份有保障而安稳的工作，但他却总觉得这份工作没有挑战性。可另一方面，如果他选择了一个冒险的机会，这个冒险可能会为他带来一个新的职业和自我发展方向，那么他就有可能会后悔放弃原来的稳定工作，还害怕一切都会出错。对于他来说，前方一条明确的道路就是可以找到第三种选择，在这种选择中，他既可以骑驴找马，进行新的职业生涯规划，也不必去冒着切断所有后路的巨大风险。

当然，解决困境有很多方法，这也是问题的一部分。解决困境需要真实地了解自己的愿望、优势和弱点，并承诺对做出的选择负责。在解决这个问题的过程中，生活变得更加顺畅，也会更有希望。

最终的解决方案可能不会是其中一个或者任何一个，可能会涉及导致两难困境的两种选择。它超越了原来的问题。

正视我们的困难可能的确很难，但它也正是改善和转变的开始。如果治疗师想要来访者重新承担对生活的责任，就需要有决心、勇气和自信心，并且对来访者的困境保有幽默感和同情心。

要点

- 症状是逃避困境以及拒绝和脱离造成的。
- 首先需要帮助来访者意识到他们正在面临的冲突，这几乎总是意味着增加他们的紧张情绪。
- 来访者最初可能会逃避这种紧张情绪，并且经常会花很多年的时间来转变他们假装这些紧张情绪不存在的处理方式。
- 当我们面对矛盾情绪时，就会出现紧张情绪。焦虑、内疚、绝望、羞愧、愤怒和失望等常常都是隐藏困境的先兆。

肉体层面——直面人生与死亡：现实中的变化与失落[1]

在我们必须面对的所有困境和紧张关系中，生与死之间的紧张关系是最根本的。我们之中没有谁能够躲避那个讽刺：我们都是生来就要死的，生命是短暂的。我们渴望记录生命中的每一个重要事件其实就是这个讽刺存在的证据。我们通常都会庆祝或者铭记那些开始的日子，比如我们的生日、新年那天或者开学的日子，因为它们都象征、标志着一个新的开始。当然，我们也很珍视其他的里程碑事件，比如与父母的第一次分离、我们的第一个秘密、我们的第一次性经历又或者是为人父母、中年危机，或者亲人的死亡等，这都让我们想起了变化和失去的现实。

事实上，每一个逝去的时刻都在提醒我们，我们的时间越来越短了，尽管我们常常都是在只剩几分钟时才发现这一点。

练习

把你的生活想象成一个玻璃沙漏，沙子从上往下缓缓地流，经过那个最狭窄的地方，最终流入沙漏的下半部分。此时，你可以看到沙漏下半部分有多少沙子，但是沙漏的上半部分

---

1 Umwelt 德语：指生物世界或环境，是存在主义哲学中表达“存在”的一种方式。

却被遮住了，所以你看不到。那么你认为上半部分沙漏里还有多少沙子？现在打开上半部分，你看到了什么？你的感觉是什么？

悖论与困境

物质世界的矛盾在于，生命只教会我们如何生存，而死亡教会我们如何活着。生命是一个监工，而死亡却是一个良师。我们无法解决的困境是，我们都会死亡是生活中的一个永恒的事实，无论我们是欢迎、接受还是否认、恐惧。

当一个来访者第一次面对这样一个事实：我的生活是我的，不是别人的，而且它会很快结束。他们矛盾地意识到自己与他人的区别以及相似性。我们都将孤独地死去——尽管我们彼此分享着这一现实。我们不会轻易而且很少选择这种困境，除非事出不得已。

所以，我们在这个层面要解决的基本问题是："我怎样才能在明知道自己随时可能死去的同时，去过完全属于自己的生活?"

我们通常会通过以下这些方式去否认这一点：

- "理性"地看待或假装它无关紧要；
- 把死亡想象成和平而安宁地睡着了，而不是不存在；
- 相信来世，或留下某种可以传承的东西；
- 相信一个"终极救援者"——上帝、父母、医生，甚至是治疗师——依赖他人；

■ 抑郁、无助、孤僻；

■ 永葆青春；

■ 在不得不死之前我们先选择自己结束，也就是去尝试或寻求自杀。

以上所有的策略都可能带来暂时的解脱，但最终都是弊大于利。因为僵化与保护性的策略需要在现实中不断地寻找支撑，那么结果就是个人的生存焦虑就会逐步以极端和功能障碍的形式呈现出来。

案例

针对身体层面的工作

阿德里安跑了很多年马拉松。他一直自豪地要努力成为 100 马拉松俱乐部中的一员，这个俱乐部由一群跑过 100 次马拉松的人组成。他大部分时间都花在训练和准备下一个壮举上。他的家庭生活现在几乎不存在了，因为他的妻子强烈反对他的痴迷行为，并且对他给家庭留出的时间太少而非常愤怒。最后，在他最重要的一次跑步的前夜，她给了他一个巨大的难题，并要求他“要么选择你的跑步要么选择我”。他无法解决这个难题，心情沉重地去参加马拉松比赛。结果在比赛中倒下了，被送进医院，后来被诊断为患有心脏病。他不知道这件事是怎么发生的，他觉得他的妻子对他施了魔法或者咒语。他不明白为什么会发生这样的事，感到十分困惑，于是前来咨询。

评论

过了很长一段时间，阿德里安才愿意质疑自己，并开始理解所发生的这些事的深刻意义。经过关于他的专注和担忧的讨论后，他开始意识到他的困境之下存在一个矛盾。他一直忙于证明自己的健康和不朽，以至于他失去了生活中的一切，讽刺的是他还失去了自己的健康和人际关系，而这两件事本应是最值得关心的。既然他已经看到了死亡的可能性，他可以用另一种方式来思考。他决定不过分追求健身，放弃了加入俱乐部的想法。最终，他找到了一种方法，就是让他的妻子参与到他的运动中，他们开始一起锻炼，在尝试了各种运动方式之后，他们最终选择了航海。但真正让阿德里安与众不同的，是他能够摆脱对击败他人和击败生活的痴迷，他觉得自己终于醒悟过来了。阿德里安对死亡的恐惧使他投身于跑步，这种恐惧差点使他丧生，这实际上是基于他对自己失去生命的恐惧。直面死亡使他能够真正直面自己的生活。

要点

■ 对于一个来访者来说，谈论死亡是很困难的，因此治疗师必须承认并尊重他们的抵触、防御，同时也要有意愿和能力去挑战它们。

■ 既然直面死亡是非常困难的事，那么来访者很可能会出现极其强烈的反应，包括可能会出现自杀念头，重新开始上瘾或做出其他破坏性行为等，又或者他们会希望终止治疗。

■ 当然，不仅仅是来访者不愿意谈论死亡，治疗师也可能不愿意。治疗师不仅需要了解自身对死亡的看法，还需要足够开放，以听取来访者新兴的想法和感受，同时还要做到不把自己的想法和感受强加给来访者。

■ 既然存在是由生与死共同构成的，那么在治疗中过多地讨论死亡，其实也可能是逃避生活责任、可能性的一种方式。

■ 由于丧失相对来说更容易被探讨、被面对，所以来访者很可能会去谈这个部分，而不是提出有关死亡的这种更加困难的主题。

■ 我们需要警惕来访者提到的有关死亡以及对生活中那些能或不能实现的成就所感受到的遗憾。在这方面，他们经常提及的生日和周年纪念也值得关注。

社会层面——孤立和连通性：在人际关系中[1]

无论是什么样的来访者首次接受治疗，他们在接下来的几周乃至几个月的时间里，常常都要面临人际关系的困难。例如，阿德里安的问题至少与他和妻子的关系有关，也与他渴望健康、运动和克服身体上的限制有关。

我们在童年和青少年时期常常很容易受到一些影响，所以我们的关系模式其实就是来自那时候我们对关系的一些根深蒂固的假设。我们常常习惯于在关系中期待某些特殊照顾，却发现很难找到替代品。大多数情况下，这种模式的运作效果都不错，但当来访者或他们圈子中的某个人改变了这种优先级时，来访者就可能会来寻求心理治疗。

不同层次的社会关系

有些关系是相对隐匿的：从我们与陌生人的偶遇，到我们与政府机构的正式关系。有些关系则是更加个人化的：这些人是我们在社交以及工作网络中认识的。还有些关系是能让我们真正敞开心扉的，常常发生在我们与所爱的人之间，他们是我们稍后即将讨论的完全的个人世界。所有这些影响因素的区别在于我们准

1 Mitwelt 德语：与世界，即人际关系，是存在主义哲学中存在的一种方式。

备在多大程度上与他人分享亲密的细节和秘密。

然而，治疗中还存在着一个悖论，那就是我们的关系其实往往会同时发生在上述三个领域中，这就是为什么我们保持适当的界限如此困难，却又十分必要。

与其他以科技为基础的文化一样，我们的社会不仅将个人独立理想化，还倾向于通过引导人们相信有简单的技巧和花招可以使他们的人际关系变得更好，也就是把处理人际关系变得技术化。有一个典型的例子可以说明这一点，比如人们会从性技巧和能力的角度去看待性关系，而不是从亲密的人际关系角度。良好的人际关系要共同创造，因为它从来不是纯粹的个人任务，而是一门需要用一生去追求的、与人交往的艺术。

悖论与困境

社会的矛盾之处在于，只有意识到我们与他人的分离，彼此才能够亲近，因为这让我们学会理解他人——以及我们自己。只要我们把别人看成和我们一样，或者认为别人应该和我们一样，我们就肯定会失望。

无法解决的一个困境是，我们既想要与他人沟通，缩短与他们的距离，与他们打成一片，又想要建立我们自己的独立性和个性。

所有关系的基础都需要归属感、被承认、被欣赏、被重视，也需要去爱、去欣赏、去认识自己的优势和价值。

从存在主义的角度出发来看，正确的关系类型的特点是与他人之间的一种成熟的相互依赖，而不是完全依赖他人或与他人隔绝。我们需要别人理解我们，也需要别人理解彼此的分离和差异。我们发现很难认识清楚爱的奇异和神秘：比如怎样是被爱的，怎样又是不被爱的，怎样是被需要的，怎样又是不被看到的。

在这个层面上，来访者常常想知道："其他人在那里干什么？"

我们经常通过以下方式否认这一点：

- 完全避免亲密关系，更喜欢保持一种熟人的关系；
- 找许多借口不去独处、交谈或仅仅与某个人在一起；
- 将人际关系视为有赢家有败者的一种竞争关系；
- 把挑战误认为战争，把性欲误认为亲密，把迷恋误认为爱情；
- 把我们的社交范围降到我们生存所需的最低限度。

来访者需要的是：

- 更好地管理他们的关系；
- 学会欣赏他人，并得到他人的欣赏；
- 理解关系是如何运作的，以及他们在其中所扮演的角色；理解为什么他们一直保持着特殊的关系，并一次又一次地把关系搞得一团糟。

练习

想想你生命中的五个人。在一张纸上画一个圆，把他们的名字等距离地写在圆的外面，并把自己放在圆的中心。在你自己和周围的人之间画一条线，就像车轮上的辐条一样。想想你和他们在互相支持、分享和彼此开诚布公等方面的关系。

依次考虑每一段关系，考虑一下对方对你有多大的支持，或者你有多支持对方。如果你觉得你很支持一个人，就把三支箭从你身上射到那个人身上，根据支持程度也可以是两支箭，或者觉得帮助很少——就可以是一支箭。同样地，向内画箭头表示你觉得你得到他们支持的程度。最后你会得到一个图表，它会告诉你你的圈子里你有多支持别人，以及你获得了别人多大程度的支持。

- 你获得的和你给予别人的支持数量相等吗?
- 这些让你觉得你拥有着什么样的关系?
- 在你的生活中有哪些不同的支持方式?这些够吗?
- 每种关系的优势和局限性是什么?
- 你想怎么改变?
- 改变的障碍是什么?
- 那是什么感觉?

如果你有机会与圆圈中的人讨论你的看法，看看他们的感觉和想法是否与你的相同。我们常常强调我们给予别人的帮助，甚至可能会为此愤愤不平，我们意识不到从别人那里获得的帮助，却认为这是理所应当的。

这个练习揭示出的是，我们发现自己与他人在一个世界中相处的方式会随着时间的变化以及人与人之间的不同而变化。

关于我们的来访者，我们需要知道：

- 在他们的生活中有很多人还是只有少数几个人与他们建立了联系？
- 在与这些人的关系中，他们是占主导地位还是顺从地位？
- 在关系中，他们更倾向于是竞争还是合作，是主动还是被动，是投入还是退缩，或者是信任更多还是怀疑更多？

信任与控制

在存在主义治疗中，治疗师和来访者的关系首先建立在信任和理解价值的基础上，那么为了被来访者理解，我们就必须首先被来访者了解，因此我们首先面临着暴露我们自身弱点和缺点的风险。治疗的总目标是发现亲密关系所给予的自由体验，而不是约束和威胁的体验。但是，为了获得亲密，就要冒着失去亲密关系的危险，因为真正的亲密是不能控制或强迫的，两个人都必须能够自由地选择和对方在一起。

通常情况下，反映信任的是治疗的过程，而不是治疗的内容。当我们和来访者一样尊重自己的权威时，来访者就更可能相信我们的尊重是真实的。如果这意味着我们在试探他们对待我们的态度，那么这也只是合作与尊重的自然组成部分。通过治疗师和来访者之间的合作和信任的增加，以及来访者所说的他们在治疗之外所做的事情，我们可以衡量治疗的进展。

竞争力与客观化

马丁·布伯和让·保罗·萨特都说过，我们把人变成了物体，也就是变成了一个个的“它”，从而减少了人的不可预测性。但是在这样做的时候，我们也把自己变成了物体。我们以为这会使事情变得更简单，但这是要付出代价的。这样使我们把人的品质归结于物体，把物质的品质归结于人，把因果归结于人际关系。

萨特的三部曲《自由之路》生动地描述了不同的人物是如何看待自己的，他们不是在世界上动态地共生，而是作为由世界引起的事物存在，在这样的情况下，他们自己是无法看到出路的。

这有助于我们记住，大多数的人际关系问题其实都是因为我们害怕失去自己的个性和对方的爱。这是通过在关系中扮演受害者、迫害者或救助者的角色而产生的。在这三种情况中，受害者的角色通常被认为是最受欢迎的角色，让人觉得自己“做得最多”但得到的最少。

扮演受害者角色的人，他们常常感到自己被另一个人“控制”了，而且无力反抗。虽然有可能克服屈服与紧张情绪，或者可以意识到自己的影响，但通常都会以失败告终。扮演迫害者角色的人，他们常常寻求诱骗或控制他人，以便那些人能够“正确地”做事。这可以帮助他们对推动事物向前发展的能力感到满意，但因为他们这样做其实本质上都是为了自己的利益，所以实际上对方经常会有被削弱的感觉，也还可能有受欺负的感觉。扮演救助者角色的人，会主动找一些需要自己帮助的人去帮助，他们把拯救别人作为自己的工作。虽然他们对自己的照料能力感到满意，但由于他们本质上还是为了自己的利益去拯救他人，因此被帮助的那个人很难找到自己的尊严和独立。在接受帮助的过程中，他们耗尽了精力，还被剥夺了自主权。

这些角色是在相互依赖的关系中扮演的，尽管一个人可能希望对方以某种方式改变（就像他所扮演的角色一样做事情），事实上，如果夫妻中有一方改变了，就会破坏稳定的关系，并有可能产生新的风险。成瘾往往是共同依赖关系中的一个重要组成部分。

“角色”一词用来表示我们所选取的立场是为了保护我们的脆弱性。虽然表面上不同，但这三个角色都有一个共同之处，那就是他们都否认个人的责任，而且把自己和他人物化，而不是承认信任是困难的。

练习

■ 想一想，生活中你最常扮演的是什么角色，是受害者、迫害者还是救助者？

■ 在日常生活中，是作为治疗师还是来访者？

■ 其次你最常扮演的角色是什么？

■ 你在这个练习中的得失是什么？

■ 你是怎么走出这些角色的？

治疗情境可以很容易地复制救助者与受害者的关系，这时治疗师作为救助者，来访者作为被救援者。要识别出这种模式，需要大量的训练和经验，当然，我们也可以利用这种识别来取得良好的治疗效果。

案例

针对社会层面的工作

迈克，一个 27 岁的男士，在和玛丽分手两年后来接受治疗。他和她在一起虽然不快乐，但很难说出为什么这段感情会结束。他们彼此变得非常苛刻和挑剔，然而，过去他们是互相支持的。他们不再迷恋对方了，也没有了对对方的幻想。

他说他非常孤独。在某一次治疗中，治疗师就建议他多去跟别人见见面，并向他提供了一些拓展人际关系的方法，可在此之后，他便缺席了一次治疗。这可以视作一种阻抗。不过还好，治疗师很快就意识到迈克的缺席与自己在治疗中所给出的建议有关，这使治疗师了解到他的自我防御机制，以及他如何感知人们试图通过告诉他该做什么、该怎么做来控制他，但他害怕如果这样说的话会受到治疗师的攻击。总之，他只想让治疗师听他说。这是相当具有挑战性的，因为他不习惯与别人分享他的想法和感受。他也不明白，为什么他和玛丽已经分开了，却还彼此关心，然而他们在一起的时候其实并没有这样。他想要和她在一起，但是她并不愿意，他认为他可以通过理解她然后再重新和她在一起。

经过一段时间的尝试，他终于明白了为什么他只要和一个人在一起时就会产生这样混乱的感觉，后来他便和另外一个人“坠入爱河”了。而且他确信这一次他们的关系一定会成功。可他的治疗师并不那么肯定，并且也把这种感觉告诉了他。可他并没有在意治疗师的话，放弃了工作和治疗，搬到西班牙和她在一起了。六个月之后，他回来了，这段关系至少在一定程度上还没有结束，因为他和她的一个最好的朋友发生了性关系。事实上，这就是他的一个模式。他重新开始接受治疗了，只是每次治疗他都会迟到几分钟。当提到这一点时，他基本上都是说遇到了交通堵塞、闹钟没响或者是工作很忙等。治疗师认为，尽管迈克在治疗室中看起来很用心地接受治疗，但治疗师却从来没有感觉到来访者在意她或她所说的话。从他身上可以看出来他在信任和控制之间的一种联系："要么我就只能做自己，要么我跟别人发生关系时就失去了自我……所以我该怎么做？"然后他意识到，通过迟到就可以缩短参与治疗的时间，某种程度上这就让他对治疗保持了一定程度的控制感。为了保持这种控制权，他自己的一点点的改变似乎是很小的代价，但他不想再为此付出代价了。这便标志着下一个治疗阶段的开始，他按时来了。他开始重视与治疗师的关系了，他谈论他对休息和假期的焦虑。他沉浸在对话中。同时，在这段时间里，他认为自己的性关系太混乱了，所以他放弃了性关系，直到他知道自己想从别人那里得到什么。后来，他遇到了一个人，这一次不一样，他说："我曾经认为，与另一个人的亲近意味着我不得不放弃一切，我们必须要有同样的想法，但我们没有，但这没关系，我仍然喜欢她，而且我感觉更亲近，也比以前感觉更自由。我以前一直在寻找合适的人选，但这次完全不是因为这些，而是因为我有能力去做一个选择。"

评论

在治疗之前，迈克的亲密关系要么是短暂的且很少涉及情感的，要么就是他和女性相互妥协，而且这种需要很强大还极具依赖性。他在太远的距离和太多的亲密关系之间来回摇摆，这通常会演变为责备。在治疗中，他能够体验到被倾听意味着什么，并发现信任可以是自由的，而不是约束和有条件的。他与别人交往的方式与他在治疗中交往的方式以及谈论亲密问题的方式很类似，以不被抛弃的、不被打扰的方式谈论亲密关系问题和对治疗师的体验是不相悖的。这反过来又影响着他以这种方式去体验别人。这是他第一次能够做出选择，并将注意力集中在自己的选择上。

要点

■ 人际关系是十分必要的，但同时也充满着风险和满足感。大多数人都想要拥有更具成就感的关系，但他们同时也对这种关系带来的风险持怀疑态度。

■ 在寻找与他人相处的新方式时，来访者可能会通过更早期形成的方式来证明他们的自我毁灭行为。

■ 矛盾的是，形成和保持亲密关系的动机不仅因死亡意识而增强，而且这种关系也使我们容忍死亡的恐怖。

■ 衡量来访者亲密关系的质量是很重要的。一个对于来访者很重要的指标是问他："如果你的伴侣/母亲现在和我们在一起，听到你对我说的这些，她们会怎么想呢？”

■ 并不是每个人都会因为某些选择而陷入社会孤立的境地。那些由于失业、轮班工作制度或由于承担全职照顾者的责任而使他们的社会接触机会受到限制的人，很容易受到社会环境的影响。在这些情况下，只要拥有重新建立社会关系的机会，可能很快就能解决这种问题，而无须进一步的治疗干预。

■ 有时，与治疗师见面是来访者唯一有意义的社交活动，为此他们有时很不愿意结束治疗。但这个问题必须解决，以便来访者能以其他方式扩大他们的社交圈。

■ 在这种情况下，除了治疗之外，或者在治疗结束后能为来访者提供一些团体治疗的体验，对他们来说也是很有帮助的。

■ 在治疗师和来访者之间的关系中，很少会在没有关系问题的情况下讨论关系问题。

■ 来访者不断重复旧的关系模式，直到他们明白自己在哪里出了问题。“通力合作”这个词很有用，因为它提醒我们要提防快速地给出解决方案，并确保来访者真正了解了他们的人际关系模式。

个人层面——自由与正直：“特征世界”中的生活模式与原始程序[1]

与迈克开展治疗工作的过程中，最具有里程碑式意义的一点，是他看到自己不断重复着这样一个模式：不断否定自己的需求，发现对方的缺点，远离对方，然后寻找另外的伴侣，最后又发现这个伴侣也不对。他逐渐认识到，在他所有的关系中，共同存在的一个因素是他自己，而且通过重复熟悉的东西来避免关系陷入僵局。这标志着他开始能够思考自己的生活并为之承担责任，意识到不是生活创造了自己，而是他自己创造了生活。这使他改变了过去被动接受的习惯，开始主动做出选择。他以前之所以被动是因为他拒绝承担责任，这让他变得软弱和困顿。

个人世界关注的是责任、选择、自由和个人完整的问题。它承认一个人思想的世界是“我”的，而不是别人的。意识到这一点会引起焦虑，因为它不仅使我们意识到要对自己的经历负责，而且还意识到别人要对他们的经历负责，更重要的是意识到我们是相互联系在一起的，我对自己的感觉是从与他人的关系中衍生出来的。当这种情况发生时，也许这是我们第一次看到自己的生活是被选择的，但也是随机的，这可能会让我们感到焦虑。

1 Eigenwelt 德语：拥有世界，即自体觉知，是存在主义哲学中存在的一种方式。

我们可能会试图用各种方法来消除这种焦虑，过轻松的生活，直到我们发现，如果我们想要真正觉醒并掌控自己的生活，承担起自己的责任才是唯一的出路。

原始程序

我们最重要的需要是以不同的方式了解自己和我们所处的世界，同时，具体怎么做取决于我们所在的年纪和已经掌握的知识。萨特说，这就引导着我们选择了一种关于如何做的“原始程序”。孩子们总是能做出一种反应性的、基于情感的、与年龄相适应的、不言而喻的选择，这是他们保持自主权的最佳方式。但这总是一个选择。我们总是通过我们的选择给事件赋予相应的意义。例如，一个在早年成长经历中遭受虐待的人，长大后可能会把自己看作一个受害者，或者幸存者，两者都不确定，但两者都是选择。这虽然有明确的语境限制，但重要的是事件或能力在何种程度上被人用作自我定义的限制行为，这使其成为自我实现的预言。原始程序就是这样塑造我们的生活，使我们的自我意识沉沦的。由于涉及的情感利害关系，原始程序在当时几乎不可能妥协，只有在它远远超过了“展期”时才开始引起问题，人们才可能意识到它的存在。这通常与一个人接受治疗的动机是相吻合的。

从存在主义的角度来说，过去、现在和未来都是同样重要的。但只有在理解和掌握过去所做的选择的情况下，“现在”才有可能打破“过去”的决定，勇敢地面对“未来”。

如果来访者不理解现在的意义，他们就会一直重复过去。正是通过让治疗师指出，并通过观察自己的否认以及已经产生的后果，来访者才意识到他们过去是如何逃避责任的。当他们困惑于对过去的重新定义并且开始思考他们的选择对事情产生了何种影响时，他们才开始对自限的生活有了点头绪，并开始考虑为将来而改变这种状况。这种摆脱过去的关键，是有意识地做出新的选择和承诺。这与理解因果规律和人在其中的位置有关。这样就可以说：“我做了这个，我做了这个选择，因此我觉得我可以为我的选择和行为的后果承担责任。”

如果一个人对规则的反应要么是被动妥协，要么是自动拒绝，那么他现在可以考虑采取哪些行动并承担哪些责任。很有可能，他所选择的与其他人所选择的相似，这不重要，重要的是要为自己的选择负责。

悖论与困境

因此，个人世界的悖论在于，当我们意识到自己很脆弱的时候，往往也是我们发现自己内在力量的时候。当我们发现没有外部规则时，这种自由会让我们意识到责任和选择的可能性。

一个无法解决的难题是，当我们寻求一些普适原则时，我们必须拥有自己经验的权威，同时让别人以及整个世界都能看到。我们别无选择，只能采取行动，好像我们知道自己要去哪里一般，直到经验证明出我们是对的还是错的。

来访者在这个层面中提出的基本问题是："我怎样才能成为我自己?"与这个问题相关联的另一个问题是指向过去的："我是怎样成为现在的我的?"同时也有一个展望未来的问题："我能不能停止犯同样的错误，在未来生活中变得更足智多谋呢?"

个人世界的工作对治疗师的要求很苛刻，因为困境往往会这样被否认：

■ 过分强调个性、观念和行为的独特性。

■ 声称无力做出改变或缺乏改变的动机。

■ 避免独自一人，这样就不必面对焦虑，以及它带来的选择和为选择负责。

■ 独自一人，孤独地遁世，拒绝脱离恐惧。

■ 过分听从他人包括治疗师的意见或判断。

■ 系统地排斥他人的观点，包括治疗师的观点。

■ 使用比如电视、食物、酒精、报纸、互联网、性、购物、赌博，也就是"上瘾"的行为使自己平静下来，从而颠覆治疗。

■ 维持这些，要么我们在生活中大展宏图，要么我们变得一无是处。

案例

针对个人层面的工作

苏菲第一次是通过电子邮件联系到了她的治疗师，她说："我现在正处于一个混乱的、有破坏性的空间之中，很希望能找到一个能让我了解更多自我的环境。"她今年 23 岁，在流行音乐行业工作，与比她大 10 岁的艾伦有一段断断续续的关系，他很喜欢她，也指导她应该如何掌控自己的生活。尽管她认为这段关系是没有安全感的，她也意识到自己不愿意向他敞开心扉，可她还是被他吸引住了。她早就已经不再奢望这段关系是平等的了。她一直在经历贪食症的复发、酗酒，甚至想要用割伤自己的方式自残。她当然知道这是不对的，但她不知道应当如何应对这种难以抑制的感觉。她没有向任何人透露这些问题，因为她发现即便是在治疗当中她也很难谈论自己。她更习惯于听别人说而不是自己说话。在第一次治疗中，她一直在哭，不断地道歉，就那样一言不发地听着治疗师说。她很快就意识到这段关系的特别之处在于——艾伦是她能记得的第一个对她的想法和感受感兴趣的人。她在治疗中谈到，在她成长的过程中，两个哥哥总是在一起玩耍，而把她这个妹妹排除在外，父母也总是在无休止地争吵。在她很小的时候，她就在家附近的树林里走了很长一段路，然后找到了一个黑暗无人的洞，她进去之后坐下来，躲了起来，在这个过程中她得到了安慰。她可以很容易做到一连几天不见任何人。她想辞职，因为她已经开始真正地意识到对工作没有兴趣，也不喜欢与周围那些“自恋”又不得不奉承的人相处。他们就像家人一样“呵护”她，但她并没有觉得因为获得了这些“呵护”而心满意足。在治疗过程中，她慢慢地意识到，她总觉得别人会威胁到自己。她会梦到被龙以及其他怪物追逐、抓住。她的最初反应是转身躲起来，因为感觉自己很弱小。通过治疗，她开始看到自己的勇气和力量，为了重新定义自己，她既能够照顾别人，又可以保持独立，而不是像从前一样被别人的要求和与别人发生的冲突击垮。在此之前，她从来没有做过这样的事。她的挫折感被保存在她的身体里，她对待这种挫败感的态度，其实就和那些对待她的其他人一样糟糕。

评论

苏菲必须开始肯定自己是一个有价值的人、一个有力量的人，但同时也是一个有权利与他人交往的人。她并没有因为她与艾伦的奇怪关系而感到内疚，而是开始意识到，在与艾伦的相处中，恰恰是一个能发现在自己与别人的关系中，到底是什么样子的好机会。但同时这种想法也以相当熟悉的方式被限制着。她开始表达自己的需求和愿望，开始练习向别人表达自己的想法，并让他们知道她什么时候不想和他们说话。她的奋斗目标是找到自己的力量，并接纳自己的需求和欲望。随着这种能力的提高，她的症状慢慢就不明显了。

要点

在思考个人经历和人生意义时，以下干预措施可能是有用的：

■ “对当时发生的事情和现在发生的事情，你有什么样熟悉的、相似的感受吗？”

■ “如果你发现自己犯了同样的错误，会有什么感受？”

■ “你认为是什么导致了眼前的这个结果？”

■ “你在这一系列事件中扮演了什么角色？”

■ “当你现在发现是自己隐瞒了真相，是一种什么样的感觉呢？”

■ “你的行为是如何导致这一意外结果的？”

■ “你所做的事会怎样引导你得到你想要的呢？”

■ 虽然来访者最初可能会否认他们了解自己的意愿，更不用说爱自己或重视自己了，但这是衡量他们发现过去自己有多难的一个指标。

■ 为了做出一个新的、自由的，而不是被动的选择，我们需要回到我们在决定原始程序时的感觉，重新审视这个选择。

■ 来访者很容易对治疗师的生活理念感到好奇。我们对于来访者的价值不在于我们发现了什么规则，而在于我们知道没有规则是一种什么样的感觉，以及为自己制订规则并拥有规则意味着什么。当来访者认同治疗师所说的每一件事时，治疗师就应该要小心一些了，因为他们也会这么说——不同意一切。

■ 当我们更加熟悉个人层面时，就更会欣赏我们自己的价值，理解和原谅那些我们已经发现的问题或困难。这一立场也同样适用于其他人。

■ 个人层面中的功能失调是对自己没有责任的事情负责，对自己有责任的事情不负责。

■ 治疗师可能需要帮助来访者分析其优势和劣势，并帮助来访者充分利用这两者。

■ 寻找一种可以被肯定的方向感，对我们周围的人和自己都是一个不错的治疗目标。

■ 随着时间的推移以及我们自身的变化和成熟，能够客观地对待我们自己的经验，接纳我们自己犯的错误，还有那些自身的局限性，变得对待自己更友好，这也是另一个有价值的治疗目标。

■ 人类的发展在很大程度上是我们在不确定的情况下把握机会和机遇的结果。

精神层面——价值观、信仰和原则的一致性[1]

苏菲的问题集中在她与他人相处的方式上，这意味着她只有敢于在世界上占据更多的空间，才能改变自己。在她还没有意识到这个问题之前，就已经学会了按照别人的愿望、需要和期望来过自己的生活了。她很擅长使用这种方式，但她付出的代价是觉得自己就像是别人的一个影子，而不是一个真实的人。不管是用食物来过分填饱自己的肚子，还是伤害自己，其实都是她所采取的一种尝试自我扩张和自我强化的方法。她采用了这种不合理的感受存在的方式，而不是去打扰别人来满足她的需要和她的存在。

在她那些不为人知的假设背后，隐藏着无数的价值观和信念，这些价值观和信念阻碍了她的发展，也同时抑制了她的变革能力。其中一个信念是，她认为人与人之间应该互相体谅，她一直都深深地相信，像她在家庭和工作中所遇到的那些不体谅、苛求的人是不好的，正因为如此，她才需要常常保持谦逊。这便是她的核心价值观之一。但她也无法承认，她渴望有人关注她，把她的需要放在第一位，她也渴望改变。她和艾伦的关系起初似乎就是这样的，但并没有实现，因为艾伦对她的看法与她对自己的看法是一致的——那就是她根本就是一个没有需要的人。这使她非常困

1 Überwelt德语：灵魂价值，是存在主义哲学中存在的一种方式。

惑，因为她认为艾伦很好地给予了她关注，但也经常让她失望。因此她的结论是一定是自己做错了什么，而不是艾伦。

当她开始对人际关系进行自我反省时，她看到的自己可能不是真正的自己。她的自我形象原本就是建立在错误和片面的观点之上的。如果她的治疗师没有给她一些空间去审视自己，让她问自己一些关于生活意义的新问题，她是不可能发现自己存在的根本问题的。

德语中Überwelt这个词指的是物质层面之上的精神世界，或者说是另一种存在方式，一种鸟瞰世界的能力。这就是我们学习理解事物的方法，从而找到生活的意义。但只要我们仍然专注于身体、人际和个人的现实，我们就很难有这样的观点。

信仰、危机与创伤

即使是最理性的人对世界和未来的设想也是基于信仰而不是事实，基于概率和希望而不是确定性。对科学的信仰是关于宇宙的可预见性和线性，对宗教的信仰是关于上帝的存在和具体的生活规则。从存在的意义上说，信仰是为了让我们的存在变得更有意义，即使我们永远无法完全理解它是为了什么，或者如何最好地去践行它。我们不能不相信，可预见性和连贯性是一种必要的本体论错觉，它使我们能够实现自己的雄心壮志。然而，生命在很多时候是可以预测的，但当它停止时，我们的价值观就会瓦解，我们就失去了有目的性的能力。从存在主义的角度看，我们因随机性、偶然性和意想不到的恶意而遭受创伤。这提醒我们，我们在宇宙中的位置始终都是不确定的、短暂的。

无论这种创伤是突发性的还是累积性的，它都不容易愈合，因此，我们会选择关闭，或诉诸自责，然后在绝望中挣扎。

但是，这种解释包含了一种可能性，即从更广泛的角度看待存在，并重新考虑我们以前坚定持有的信念，那些被证明是错误的或不完整的信念。危机、创伤和灾难的时刻有一个可以挽回的特点，那就是允许我们重新审视和重建我们的生活。因此，重要的是，我们要抓住这些机会，而不是放弃或回到过去以及错误的世界观。

练习

1. 扪心自问，你在这个世界上以何种方式高效工作：你的身体技能是什么（想想那些基本的技能，比如走路、说话以及类似于打字、滑冰或游泳等复杂的技能）？在物质世界当中和谐地使用身体方面，什么给你带来了快乐？

2. 现在请向自己描述一下，你是如何与他人创造价值的：你在与他人的关系中扮演什么角色，你如何向世界提供附加值？

3. 什么是自我价值的来由？你如何向外界证明自己是一个独立而有价值的人？你如何以这样的方式生活，使你被认为是一个值得尊重的人？

4. 最后问问自己，生活的目的是什么？你的目标是什么？你的人生会给世界带来什么？哪怕是一点点小小的改变。

悖论与困境

精神世界的悖论在于认识到没有终极价值体系，这意味着如果我们要过一种有意义的生活，就必须创造自己的生活。这里无法解决的一个困境是，即使我们获得了对自己和生活的看法，并开始接受存在的相对性，我们仍然渴望探寻人生的终极意义和目的。来访者在这个层面上提出的基本问题是："我该如何生活?"这通常这样被回避和否定：

■ 建立一种信仰体系，这个信仰可以为我们所有的困境提供一个全面的答案。

■ 比如有一些一厢情愿的假定，假装所有人都是好的，或者某些人是好的，而另一些人是坏的，这可能很简单也很容易，但很容易导致混乱。

■ 无望与绝望。

■ 非黑即白地思考：把所有好的东西都归到一边，把所有坏的东西归到另一边。

否认精神世界的困境总是会导致混乱，这种混乱可能是一种严重的危机，也可能是一种持续且无趣的痛苦、一种不安的感觉。这一点既难于思考，又极端重要。这是我们的重心。生活也许没有被上帝赋予意义和目的，但如果我们能够赋予它意义和目的，它会更好地发挥作用。

人们在混乱的时候问自己和他们的治疗师的问题是：

- 为什么是我？
- 我是不是做错了什么而受到惩罚？
- 如果坏事不断发生在我身上，我就是坏人吗？
- 如果我觉得自己无法掌控命运，而命运又如此反复无常、如此不可靠，那么生活中还有什么其他的意义或目的吗？

这些都是哲学问题，需要仔细思考，无须迅速回答。

案例

针对精神 / 道德层面的工作

阿曼达不明白为什么自己的生活会经历如此多的苦难。她曾经幻想过人人称羡的生活，但得到的只是一些难以想象的灾难。刚要上大学的时候，她的父母就离婚了。父母在家中剧烈地争吵，甚至互相动手，这些事都严重地破坏了她的自信心和快乐。她总是要去调解父母之间的冲突，因为作为一个独生女，她所定义的自己存在的目的就是让父母在一起。尽管她认为父母的行为都是很孩子气的，但她还是试图对他们每个人都公平些。她的母亲曾愚蠢地爱上了一个有钱人，但那个人在新鲜感和短暂的兴趣过了之后就立刻抛弃了她的母亲，也因为在父亲离开后，阿曼达成了一个累赘。她的父亲，报复性地与一位年龄比阿曼达还小的年轻女子发生了婚外情。最后她的父亲与这个女子结婚了，这可能是因为他想不出任何其他的方式来结束这段感情。可是自从他再婚以后，他就一直非常不高兴，总是找阿曼达寻求宽慰。她的母亲不愿和这个前夫说话，而阿曼达也是真的受够了他们这种“愚蠢的滑稽行为”。她认为，父母如此不负责任的行为方式给自己造成了巨大的痛苦，而且这也导致了男朋友离开自己，因为他认为阿曼达与父亲的关系太密切了。她认为这是非常幼稚的行为和想法，因为她所做的一切都只是为了挽救父母的婚姻而已。

她来找大学里的一位学生心理治疗师咨询，因为她想知道为什么她会受到如此愚蠢的父母和男友的诅咒。经过两次面谈，她决定安排她的父母见面，而且不能让他们意识到这是她做的，于是她给他们安排了一次双盲会面，实际上这是一次与对方的约会。可谁都没想到，就在她试图在父母要见面的餐馆附近等候“监视”他们，看看他们是不是在交谈时，她被一辆摩托车撞倒了。她的父母看到救护车把一个女孩送去了医院，但他们没有意识到正是他们的女儿刚刚在餐馆对面发生了事故。阿曼达受了重伤，包括腿骨骨折和肋骨骨折，在医院待了好几个星期，几个月后才回来接受咨询。她一直在想自己生活中的不幸，想知道是否有上帝在操纵这一切。她再也不敢肯定了，她不太确定自己一直想要的“人人称美”的生活是不是正确的，她甚至开始认为也许相反的情况才是正确的，她因为干涉父母的生活而受到了惩罚。

她的治疗师在这一点上既没有责备她，也没有向她保证她实际上很出色，不应遭受这样的命运。相反，治疗师帮助阿曼达思考所有这些事件可能或不可能关联的方式，并帮助她阐明了她自己的行为和干预怎么造成了现在这种情况。很明显，她在餐馆对面的马路上晃悠，直接导致了事故的发生，因为从那儿她可以看到她父母所在的餐馆，她一心想到餐馆里听听他们在说什么。她承认她的危险行为造成了这次事故，尽管那个骑摩托车的人确实超速了，也已经被警方逮捕了。经过深思熟虑后，她发现事故有双重原因，当几件事情同时变得糟糕时，事故往往真的会发生。她开始担心摩托车手的命运，因为他的驾照被吊销了，现在她为伤害他而感到内疚。她对所有这些道德问题的关注使她对伦理学产生了兴趣，并开始对伦理学有所了解。她也开始质疑她对父母婚姻的干涉和对他们不良行为的判断，同时也开始怀疑自己的生活方式是否真的正确，因为显然，一个人会不断地有新的机会来面对自己的错误。

评论

在这艰难的几个月里，阿曼达从心理咨询中受益匪浅。通过心理咨询，她对生活中的道德、目标和意义有了更加清晰的认识。她觉得好像有一个机会出现在她面前，让她明白她和父母的关系有什么不对劲，以及因为和父母的关系造成了自己和男朋友的关系的不对劲。她开始尝试不同的思维方式和行为方式，发现自己似乎有了许多趣味相投的新朋友，这是令人欣慰的。

要点

■ “存在主义治疗”的最重要的价值是，来访者能够发现自己希望拥有怎样的生活——并以此来建立自己的价值观。为了使存在主义治疗师在这一点上对来访者有所促进，来访者就需要建立自己的价值观，也需要知道根据自己的处境和在生活中的地位不断地重新评估他们的价值观是什么样子。

■ 精神并不是宗教独有的，而是延伸到我们对世界的观点和信仰，对精神层面的探究就是对个人意义的探究，这与存在的本质是相一致的。

■ 这种信念会影响我们的行为方式以及理解世界的方式，同时使我们的价值观、信念和目标变得清晰，这对我们与这个世界和谐相处是很有价值的。

■ 价值观和信念是我们在宇宙中存在的基础，并存在于我们所有的陈述和行动中，但它们可能不容易用言语表达出来。当然，事实上很多人都不能用言语表达这些内容。

■ 在来访者重新评估对他们而言什么是真正重要的的过程

中，其精神层面最有可能在治疗中被间接触及。这要么会改变他们的价值观，要么会重新定义他们的价值观。它不太可能通过对哲学的讨论来解决。为了意义和目的的实现，每个原则都需要经过验证与评估。

■ 一个人的阅历将引导他们重视生活的不同方面，并以不同的方式去理解智慧。

■ 来访者可能会因为过时或相互冲突的价值观而经历生活中的困难。

■ 心理治疗的最终目标是使一个人对正在发生的事情有更清晰的认识，尤其是当这些事并不像一幅漂亮的图画那样直观时。但更清晰的视野并不是万能的，因为有时一个人在一段时间内受到保护会更好。当一个人处于悲伤或受到创伤的时候，他们最不需要的就是我们让他们睁大眼睛，他们需要休息。我们要做的只是为他们提供安全感，让他们能够保持内心的平和，并重新变得强大。

■ 我们永远不能确定什么会赋予我们意义和目的，但我们可以肯定，没有意义和目的的人不会成功，而那些即使在困难的条件下也能创造出意义的人总会成功。这与治疗息息相关，因为它意味着治疗的目的是寻求意义，而不是寻找症状的缓解或寻找快乐。

■ 在精神层面上，人往往处于最强烈的矛盾中，在生死之间，在独处与欢聚之间，在自由与束缚之间。

存在主义
心理治疗
的操作过程

以其终不自为大，故能成其大。

——老子

尽管有多少来访者就有多少来访问题，但在这一章中，我们要探讨的是不同的来访者治疗过程的相似之处。我们会深入探讨这些治疗过程中的相似之处受哪些因素的影响，同时也会讨论如何用我们已有的心理学知识对来访者进行治疗。在这一章中我们也会发现，这些因素在影响来访者的同时也影响着咨询师。

存在主义心理疗法中的叙事疗法

简单来说，治疗师和来访者的关系是同一个房间里的两个人互相讲故事。来访者会讲述对他们来说重要的生活事件，以及他们过往的经历如何塑造了现在的自己，但事实上，他们的描述与真实事件之间存在一定的差距，例如他们有时会忘记生活中的一些时期，同时也会忽视一些重大生活事件的意义。比如父母的去世在普通人眼里是非常重要的生活事件，但他们有时会选择忽略这件事的意义。治疗师会根据他对来访者的理解来讲述来访者的故事，但这个故事的内容不可避免地会受到治疗师的人生经历和对存在主义兴趣的影响，而这些正是需要我们去觉察和自省的地方。

我们都喜欢讲故事和听故事，这是我们联结彼此的方式。我们讲的故事一些是为了娱乐，还有一些是为了获取信息，但它们都是为了彼此分享以及促进大家理解生活中发生的事件。治疗师需要明白的是，不同的来访者因其不同的文化背景具有不同的叙事风格，因此讲述故事的方式也不同，我们作为治疗师应该记住这一点，而不是试图定义什么是正确的、标准的讲述故事方式。

作为治疗师，我们的任务不是支撑当前的故事，也不是找到另一个适合的故事。通过将名词“故事”改为动词“成为故事”，我们可以更好地理解这个工作，就像我们之前将“self”改为“selve”一样。治疗师和来访者所做的是重述来访者的经历，以便能发现新的可能性，获得不同的意义。这就是打破和创造叙述。这包括我们意识到生活是不断变化的、历史性的和动态的，因此一个故事可能是了解当前事件的好办法，而不是了解一年之后的事情的好办法。

这还涉及来访者要充分信任治疗师，只有这样新的故事才能被接受，并且不用担心治疗师会把他们自己的故事强加给来访者，并限制他们的自主性。

它是关于一种悖论:在充分认识到自己的知识只能是部分的情况下，选择并致力于行动。

要点

■ 不同的人讲故事的方式不同。

■ 治疗师可以通过参与、澄清和验证等不同的方式来帮助来访者了解他们的生活。

■ 理解生活事件的方式可能不止一种。

■ 我们逐渐认识到，我们可以无止境地改变我们的生活，并用它来讲述我们的故事。

会谈、评估和诊断

治疗其实在两人第一次见面之前就开始了。对于来访者来说，治疗开始于当他们质疑自己的生活时。当他们开始考虑他们想要什么，怎么才能实现时，治疗就已经开始了，这甚至早于他们开始找咨询师。对于治疗师而言，当他们问自己作为一个治疗师他们期待的目标是什么，治疗其实就已经开始了。当治疗师以这种方式质问自己时，对每一种治疗来说都是有益的。

当首次会面将要到来之际，它演变成了来访者开始思考他们怎样才能被他们的治疗师感知和接受。每个来访者都会犹豫是否要冒险说出那些秘密。尽管他们可能已经接近绝望，但他们也仍然对心理治疗抱有希望，认为接受治疗会让自己的情况有所改善。最重要的是，来访者知道他们不只是在谈论问题本身，他们将和一个能够给予他们无条件关注的人进行会谈。通常我们无法从别人那里得到这些，它既令人恐惧又有吸引力。与此同时，他们的治疗师也会好奇他们将如何相处。治疗师会与每一个新的来访者建立全新的咨访关系，但我们不能想当然地认为咨询关系会起效。矛盾的是，治疗师的经验越多，她就越难记起第一次治疗对来访者的意义。这或许是一个特定的来访者第一次见心理治疗师，但对于这位治疗师来说，这可能是他们第200次见到来访者。有经验的治疗师更需要注意这一点。在新的来访者到来之前，我们需要做一些准备工作。而且对于任何来访者的到来都应该如此，因为从某种意义上说，无论来访者是不是第一次接受治疗，治疗师对每一个来访者都应该持有第一次治疗他们的态度。

练习

试着回忆（或想象）你第一次去看心理医生时的情景：

- 在你到达治疗室之前，你有什么想法和感受？然后呢？
- 你的期望是什么？
- 你有哪些经历？
- 你为什么又回去？

科恩（Cohn，1997，p.33）认为，存在主义心理治疗的评估是不可能的，因为没有什么可以评估的。他接着说，“你遇到的来访者只是遇到了你的来访者。”他的意思是，每次治疗的质量因时间和地点而异，任何概括都会分散治疗关系的创建。任何对治疗的评估都不可避免地受到评估者自身特质的影响，而且很可能是以他们没有觉察到的方式。在需要对未来的来访者进行正式心理评估的环境中工作的存在主义治疗师经常发现，面对同一个来访者，评估报告与咨询师个人的看法之间存在差异。尽管如此，即使没有正式的评估，仍然还是存在一些非正式的评估。因为只要两个人见面，尤其是处于一段治疗关系中，他们就会尝试揣测对方，并评估这种关系将如何发展。这种评估是相互的，会在几周或者几个月里进一步发展。在某些方面，这种不断变化的相互评价和理解是关系的焦点，也是发生变化的原因。

在诊断方面，虽然存在主义治疗师不遵守治疗的医学原则，但他们通常需要在涉及和需要诊断的环境中工作，他们经常会见到熟悉诊断的来访者，即使这些仅仅是自我诊断。存在主义治疗师很少愿意遵守心理诊断的规则，尽管在他们接受过的训练中，他们也会批判性地接触现有的精神病理学的分类，但这样做的目的是让他们充分意识到诊断存在的问题。存在主义治疗的目标是了解并积极参与到来访者在生活中面临问题和解决困难的方式中，无论这些问题是如何被诊断出来的。对来访者来说，诊断的意义高于诊断的准确性。最重要的是一个人如何真实地感知和体验这个世界。

要点

■ 对同一个来访者，不同的治疗师可能会做出不同的评估。

■ 存在主义治疗中的评估是相互的，治疗师和来访者之间会进行相互评估。

■ 在治疗过程中，评估是持续存在的，评估更侧重于意义和对来访者的理解，而不是诊断。

■ 了解来访者如何感知和体验这个世界是很重要的。

记录

在一些治疗机构中做治疗记录是硬性要求。以文字形式记录治疗过程是一种很好的做法。没有详细的咨询记录就很难进行有效的督导，也无法撰写案例研究。我们的记忆并没有那么够用或者说足够可靠。有时候我们要对治疗中发生的事情进行佐证，做治疗记录有助于我们对咨询过程的描述保持真实客观。每次治疗结束后应及时做治疗记录以便于及时捕捉本次治疗带来的感受。感觉和感受会最先被遗忘，然后是想法，最后是行动。记录的内容可以是想法、感受、问题、印象、预感、来访者目的，也可能会涉及治疗对话的片段。

如果你的治疗时间是50分钟，那么你可以用10分钟的时间记录和反思。如果10分钟不够，也可以稍后再写。治疗结束后记录也有助于我们更全神贯注地进入下一个工作中。记录有助于增强专业能力，同时也可以帮助我们在下次治疗时进行回顾和理解。读治疗记录不同于写治疗记录，有时候写出来就已经足够了，如果我们需要回忆某个治疗细节，那么我们在下次治疗开始前回顾上次的治疗记录是有用的，但同时它也会对治疗师和来访者当次的工作产生影响，因为我们过多地关注了一周前的事情。

要点

■ 治疗记录是成为一名高效、专业的治疗师的一部分。

■ 治疗记录能够帮助我们专注于每次治疗的实质内容，教会我们进行总结和澄清。

治疗框架和治疗背景带来的影响

以下三个因素影响着治疗关系，并赋予它特殊的意义：

■ 来访者带来什么。包括来访者的成长史以及他们对未来的希望和担忧，他们对治疗和治疗师的期望，此外，来访者的偏见也可能引起治疗师的特殊反应。

■ 治疗师带来什么。包括治疗师的个人经历和期望以及他们的理论背景。同时他们的偏见也可能以特定方式影响来访者。

■ 治疗背景的特征。这包括：

● 治疗环境——不同的治疗具有不同的特点，例如在医生诊所进行的治疗与在酒瘾治疗室进行的治疗，即便是相同的来访者和治疗师，治疗环境设置也会有所不同。

● 付费带来的影响。

● 咨询室的位置、装饰和布局——无论是私人住宅中的咨询室还是咨询机构中的咨询室。

● 咨询开始的时间——即使是同一个人同一个咨询室，早上8点和晚上8点的咨询效果是不一样的。早起第一件事情就来做咨询对有些来访者来说是很困难的，但有的来访者又很喜欢。而治疗师也同样会面临这样的困扰。

以上这些问题，很容易让人认为心理评估是咨询师在咨访关系中的特定时间和地点对来访者的印象。因此，不急于下结论（谨慎地得出结论）是治疗框架和边界中的一个非常重要的方面。

从最广泛的意义上说，框架或边界是一个事物停止而另一个事物开始的标记线。一幅画周围的画框告诉观赏者画在哪里结束，墙从哪里开始。物体之间的边界往往是清晰的，但人与人之间的界限却不那么明显，而且往往是动态的。然而，只有在治疗师和来访者都清楚各自的角色时，治疗才能奏效。治疗师的任务是保持治疗师的身份，帮助来访者了解自己的生活。然而，我们知道，当受到不适当或不安全的界限的限制时，人们往往无法获得成长。而且每一种设置都会带来一种界限，这也会在某种程度上影响治疗的质量。

练习

背景对治疗的影响

填写下面的表格，并思考这些答案如何对治疗的性质产生影响。转介是指来访者如何来到本咨询室。付费是指是否支付费用、支付多少、谁支付和谁决定。保密性是指谁在法律上有权利知道治疗的内容。问题是指来访者到治疗中心想谈论什么。左栏中的设置和表头的问题仅仅只是示例，还有很多。只有第一行已完成。

	转介	付费	保密性	问题	合同期限
全科医生	由开业的医生转介	无	在治疗小组范围内	一般心理问题，但通常不是慢性焦虑	6~12次会谈
酒瘾戒除机构					
监狱					
丧亲机构					
私人执业					

要点

■ 治疗背景对治疗的影响至少与治疗师或来访者对治疗的影响一样大。

■ 如果我们想弄清楚我们如何影响来访者，就必须跟踪设置的框架和边界。

初始会谈和咨询协议

正如前面说的，第一次会谈的要点是治疗师和来访者之间的彼此确认。这体现在很多个方面，治疗师需要做的是：

1. 建立融洽的治疗关系。
2. 了解来访者如何认识自己和他们的问题——他们已经知道的部分和他们希望知道的部分。
3. 询问“为什么是现在”。心理困扰可能在来访者的生活中存在了很长一段时间，我们需要知道是什么让他们想要在此时此刻寻求心理治疗，对此认识得越多，咨询效果越好。
4. 了解来访者能否忍受咨询师对他们的假设质疑这件事。
5. 开始从存在的角度思考来访者带来的问题。四个命题中的任何一个是否表现出过度或不足？来访者认为他们对自己的生活负多大责任？
6. 监控自己对来访者及对他们故事的反应。
7. 对治疗如何开展达成初步共识，包括治疗次数等。

8. 确定是否需要转介。

9. 顺利完成治疗所需的所有行政事务。

10. 了解来访者对刚刚进行的治疗有何感想。在第一次治疗结束时向来访者询问以下内容是很有用的。例如，在过去的45分钟内与我交谈的感受如何？如果来访者的治疗问题涉及年长男性，而治疗师是年长的男性时，则可以修改为“在过去的45分钟里，和我这个年长男性交谈的感觉如何？”来访者对此问题的回应对治疗师是很有启发性的。请考虑下列回答之间的差异，如果不提出这个问题，就不会有这些差异。

■ “很好，我没想到我会这么快就能向你敞开心扉。”

■ “挺好的，我已经说了几乎所有我想说的话。”

■ “这跟我的咨询有什么关系？我来这里是希望你能帮我解决问题的。”

■ “有趣。我选择你是因为你也治疗了我的朋友，但结果和我所期望的截然不同。”

练习

坐在你的来访者坐过的椅子上，想象一下第一次坐在椅子上被你倾听。

■ 它是什么感觉？

■ 你还需要什么？

在回答有关治疗如何进行的问题时，谈论理论或存在主义哲学通常是没有用的，因为这会让我们分散咨询的注意力，忽视主要的咨询目的。来访者有权知道将发生什么，下面的内容可能会对治疗师有帮助。

因为这是第一次治疗，所以可能会显得有点不同，但它跟其他会谈的相似之处在于，你将在这里讨论和思考你当前的问题，包括你今天想谈的问题以及你在生活中想做的事情。我在这里倾听你并帮助你澄清和思考那些重要的事情。这可能涉及你未曾想到或不愿意想的事情，甚至可能会给你负面的想法和感觉。

做治疗的过程有点像玩大的拼图游戏。这些作品都是你的，虽然你并不清楚拼图的图案，但我相信你知道它是什么或者你想要它是什么，你肯定比我更了解这件事。我所知道的是拼图是如何拼在一起的，以及它们如何连接到一起。因此，我们在这里所做的是一种合作努力，在这里我们看着这些片段，看看它们如何融合在一起，而这些片段就是你对自己的希望、恐惧、想法和感觉。

许多存在主义治疗师都在私人执业，需要找到一种方法与来访者签订明确的治疗协议。无论是民间咨询机构还是官方治疗机构通常都需要拟定治疗协议。治疗师需向来访者提供一份明确的信息单并使用一份书面治疗协议来界定来访者和治疗师的责任与义务，并要求来访者签署知情同意书，表明他们已经阅读并接受了治疗条款。

提供给来访者的信息应包括：

- ■治疗师的资质、受训经历、专业机构和保险；
- ■治疗的地点和时间；
- ■估算的应付费用和付款条件；
- ■治疗的预约方式和取消方式；
- ■适用的保密、保密例外和转介规定；
- ■关于如何让治疗对来访者最有益的一些准则。

协议的目的是确保在治疗开始时，治疗师和来访者都知情并同意治疗的所有边界、时间、成本、付款时间、缺席规定和治疗目标。

要点

- ■ 第一次会谈与其他会谈有所不同。
- ■ 治疗协议是明确治疗设置和伦理要求的有效途径。

协议期限

因为存在主义心理治疗是建立在现象学的基础上的，所以治疗计划可以根据治疗时间进行调整。

如果治疗次数少于12次，可以考虑将阅读、日记写作或观看电影作为每次治疗后的作业，这可以帮助来访者集中注意力，同时也可以充分利用时间进行治疗。例如，埃里希·弗罗姆的《爱的艺术》或罗洛·梅的《爱与意志》，可以帮助来访者思考他们的关系。重要的一点是，作业是在治疗中产生的，而不是事先确定好的。虽然长期的治疗能够对来访者进行全面而广泛的存在主义分析，但一般来讲，协议的咨询次数越少，我们就越有必要只关注核心的一个或者两个相关问题；也是因为如此，治疗关系有点类似于教练（教与练）的关系。

很多时候，无论是短期治疗还是长期治疗，来访者都觉得记录他们的治疗过程是很有价值的。它是治疗的一部分，同时也是在记录他们生命中的重要时刻。

要点

- 现象学的灵活性意味着它可以适应各种治疗协议。
- 澄清是至关重要的治疗技术。

咨询费用

很多治疗师都觉得讨论费用是很困难的。对治疗师来说，认为自己对来访者的关注和关心是有金钱价值的，而不是在贬低和剥削来访者，这是很难的。然而，无论是直接或间接收到的费用（因为没有一种治疗是免费的）都具有强大的象征价值。它阐明了这种关系是一个人与另一个人之间的交易，并加强了工作的连续性。在我们的文化中，任何东西都具有货币价值，这就是我们表达某物价值的方式。这个问题是不可回避的。心理治疗是一种职业，这意味着治疗师需要以此谋生，因此，对于治疗师来说，明确自己在金钱价值上的立场是至关重要的。他们应该根据自己的生活水平以及能够和愿意工作的时间，仔细地计算自己的工作成本。如果治疗师自己都不清楚，它会影响整个治疗的过程，治疗也会因为治疗师的不自信而有脱离正轨的风险。如果收取的费用太少，不足以支付日常开支，治疗师就会感到不满，变得懒惰，并从来访者那里寻求其他方面的满足。如果治疗师发现自己的收费超出了来访者的承受能力，来访者会感到不满并且终止治疗，或者治疗师可能会觉得他们必须让来访者的付费变得更有价值，从而为来访者做更多的事情，承担更多的责任，而不是让来访者变得健康。重要的是让来访者觉得他们和治疗师之间的交易、关系是公平的，正确的支付方式可以避免让来访者对治疗师感到不满或受惠。

我们很少能在第一次治疗时就讨论付费的意义，可能会在随后的治疗中浮出水面，而治疗师也必须警惕其背后隐含的意义。金钱也很重要，因为存在的自主权——做出和拥有自己的决定和行动的能力与经济独立性——工作、谋生、养活自己和为他人提供支持的能力是相关的。本书的其中一位作者（MA）发现，比起按约定付费的来访者，没有按约定付费的来访者不仅会出现更多的缺席行为，而且更不喜欢在治疗结束后赠送礼物。这表明来访者在咨询服务中体验到的价值较低，而且没有在这次的治疗中感到受益，因此不感激治疗师。

要点

■ 包括治疗师在内的许多人发现处理金钱方面的问题比较棘手。

■ 出于多种原因，达成明确的付费协议对心理治疗非常重要。

咨询的开始与结束

如果来访者每周同一时间接受治疗，那么我们必须得记住自上次治疗以来，已经过去了167个小时。这也就意味着，两次治疗之间发生了很多事情，作为治疗师，我们不能预设来访者本周要解决跟上周同样的问题。同样，我们也要防止仅仅因为感兴趣而向来访者提问题。我们应该更多地鼓励来访者从当下全神贯注的事情开始，通过这种方式，可以加强来访者的自主性。随着时间的推移，当来访者习惯于对他们的治疗负责时，他们也会在每次治疗之间有更多的思考，治疗也会更连贯整合。有些来访者很快就能领悟这个过程，有的来访者会稍微慢一点，治疗师可以通过将每次治疗间的主题联系起来，积极鼓励来访者建立这种领悟力。这也是家庭作业的目的，以帮助治疗的整合并提高治疗效率。理想情况下，从现象上看，我们应该让治疗按自己的进度进行，但通常情况下，因受到治疗设置和治疗协议的限制，我们可以对治疗中所使用的技术和建议进行调整，但我们也不能确定真正的治疗从什么时候开始。

治疗结束时的情况大多是类似的。生活是持续的，治疗只是生活中很小但很重要的一部分。治疗师应该避免将治疗视为与生活中其他部分截然不同的事而在治疗结束的最后几分钟里进行总结。这很可能会降低来访者的自主分析能力，而且很有可能治疗结束的时候正在探讨的问题还没有到下结论的时候，所以，选择在治疗结束时进行总结是不恰当的。

存在主义心理治疗师要做的是确保来访者在治疗的过程中能看到时钟，他们的责任是简单地提醒来访者：时间到了。

案例

治疗的开始

第 3 次会谈

来访者：我不知道今天该聊些什么。上周我们在谈论什么？

治疗师：你还记得什么吗？

来访者：不知道，是什么呢？你还记得吗？

治疗师：如果我说只有我记得的东西，那对你来说可能并不重要，因为你可能在思考和感受许多无法用语言表达的事情。

来访者：嗯。

治疗师：来到这里，谈论重要的事情，然后把它们忘记，对你来说是一种什么感觉？记住咨询内容对你来说很重要吗？

来访者：是的吧，我感觉有一些脱节，对，这就是我们之前谈过的。

评论

与来访者当下的经历和感受在一起，而不是回忆来访者选择忘记了的上次的咨询。在这种情况下，来访者会回忆起一个重要的问题，即她为什么会选择忘记。

门把手评论 有时候，在治疗正式结束，从治疗师说“我们今天必须停下来了”到他们离开房间之前来访者会说一些话，比如：“哦，忘了说，接下来两周我都不能来了”或者“你的工作看起来很轻松，你是怎么成为一名治疗师的”或者“我不知道你怎么能忍受一直面对像我这样的人，这会让我发疯的”。

我们可以称这种评论为“门把手评论”，因为这些评论通常是在一只手握住门把手时说的。但它们的意义往往是很重要的，因为这些评论事关来访者如何看待他们与治疗师的关系，以及治疗时未讨论到的问题，可能是因为治疗师在遵循自己的咨询计划。这些提问总是比较难回答，而且要很敏锐地进行回应，同时治疗师需要记录下这些问题，并尝试找到一种方法将它们穿插到下一次咨询中去。这样的问题通常是在咨询之外产生的，因为在咨询中来访者很难找到一个契机提出这些问题。

要点

- 必须鼓励来访者参与治疗计划的制订。
- 治疗正式开始之前和正式结束之后来访者所说的话通常意义重大。
- 治疗师和来访者应在治疗开始前的适当时间里提及自己的休息和假期计划。

修通、拒绝和阻抗

存在主义角度对修通的理解是积极克服一个人在自己的道路上设置的障碍的过程，正如尼采所说，接受现实的本来面目。克服障碍取决于应对无法预期的事情产生的焦虑的能力，以及应对和接受我们是谁、他人对我们的塑造和机遇的影响所带来的恐惧。当我们敢于面对真实的自己和生活带给我们的一切，生活就会变得明朗起来，我们可以真正开始生活。

这并不意味着一旦我们接受了自己的脆弱，我们的阻抗就会立即减弱。在治疗过程中，尽管不可避免地会遇到许多障碍，但还是要尽可能地坚持下去，以达到最终的修通。在治疗中，被否认的经历最终被接受，同时这也会改变人们看待这个世界的方式。

拒绝与阻抗之间的区别在于，拒绝的来访者可能知道他们在回避什么，而且故意避而不谈。但阻抗的来访者可能并没有意识到自己在回避，因此也不会对自己的回避有所思考。治疗师需要注意的是，当来访者不同意我们所说的某件事时，我们不能轻易地给他们贴上阻抗的标签，因为有可能我们的判断是错的。

案例

拒绝和阻抗

与以往不同的是，来访者没有按时参加上次的治疗，也没有提前告知治疗师。

来访者：很抱歉，我上周没来，因为被工作给耽误了。

治疗师：你现在似乎有很多会被工作耽误的事。

来访者：是的。

治疗师：不能来做治疗是什么感觉？

来访者：你的意思是？

治疗师：我觉得你上次没来治疗不是因为你忙，虽然我也知道你确实挺忙的，但更多的是因为你对上周我在治疗中对你说的话感到生气。

如果治疗师的假设是错误的，来访者会说：

来访者：哦，是的，最开始我确实有点受伤，但后来我想了想，觉得你说得有道理，但确实是因为我的工作实在太忙了，抱歉我没有提前告诉你。

拒绝的来访者会说：

来访者：嗯，是的，我不知道你是否知道……我是真的……当你说了那些之后……我当时真的不知道该怎么办。我觉得我得忽略它，希望它消失。

治疗师：有吗？

来访者：我希望有……哎，显然没有。其实我一直在想这件事。我一直在想我是否应该谈起它。好吧，没错，当你说那些的时候，我其实真的很生气。

但阻抗的来访者会说：

来访者：不，我根本不记得我们现在在谈的这件事，我只是很忙而已，就是我跟你提到过的那个新项目，真的特别忙，事实就是这样。

要点

■ 从存在主义的角度来说，修通意味着与我们的焦虑在一起，直到它可以被容忍，并被理解为生活的一部分。

结束和终止

与写治疗开始和维持治疗关系所花费的篇幅相比，写结束所花费的笔墨简直微不足道，很难不把这归结为对死亡和结束问题的普遍回避。

从某种程度上来说，简短的存在主义治疗过程反映了人类的本质状态：因为在治疗过程中死亡意识通过治疗协议的终止而产生了。只要我们开始，结束就在眼前，这本身就能有效地帮助人们觉醒并掌控自己的生活，有时这可能就已经足够了。这也有助于促使治疗师集中思想，专注于治疗。

这显然也意味着我们需要从一开始就得意识到我们将如何结束这段治疗关系。

许多来访者往往带着不满体验和丧失经历等问题来寻求心理治疗，重要的是在治疗过程中来访者不会像之前的经历一样对治疗的结束也感到不满。

治疗师有责任知道如何为来访者提供一种建设性的新模式对工作进行调整，以便他们在工作结束时完成治疗。面对丧亲的来访者，终止治疗不仅仅是停止治疗工作，它是一个修通的过程。主要包含两个任务：一是来访者寻求治疗的目的是什么或需要理解什么；二是关系问题，他们作为另一个人与治疗师分享了这些重大问题，这些都是要在治疗结束时得到解决的。

无论治疗协议是什么，我们都建议探讨结束的时间不应少于（在许多情况下多于）总时间的六分之一。对于固定期限的治疗，停止治疗的时间是确定的，剩下的就是如何评估效果和结束治疗。因此，对丧失和结束特别敏感的来访者，治疗师需要花费更多的时间和精力来处理结束治疗对他们的影响。在这些情况下，整个治疗过程中可能都需要探讨结束治疗。

在治疗中，向来访者强调剩余的治疗次数并觉察其意义将降低治疗提前终止的可能性。

鉴于结束治疗是普遍困难的，在开放式的治疗协议中，治疗师和来访者的问题是在双方都觉得合适的时间达成共识，结束治疗。这只有在两个人共同努力的基础上才能达成，但在评估治疗结果时，我们最好觉察其风险和治疗工作不到位的迹象，其主要特点是：

- 来访者突然脱落。
- 未对治疗结果和（或）治疗关系进行评估前脱落。
- 结束治疗时，来访者拒绝承认自己的失落感。
- 治疗师在仅实现了部分治疗目标的情况下选择终止治疗。
- 在有机会建立治疗关系前终止治疗。

治疗师必须能够以开放的态度面对治疗的结束，并知道何时会因自己的原因而延长或缩短治疗时间，而寻求督导对揭开这些盲点非常重要。

心理治疗不只关乎治疗，也关乎关系。来访者应该也希望知道治疗师将来会记住他们，并且如果他们要回来，治疗师也会很高兴再次看到他们。给来访者这种被重视的感觉不可能只是简单地通过说来实现，它会在整个治疗的过程中尤其是治疗的最后被治疗师给予来访者的关注的质量所强化。通常来访者记住治疗的方式往往与结束治疗的方式有关，因为最终他们会返回到他们自己的生活中并且去负责生活中遇到的任何问题，而它也将定义治疗所取得的成就的最终意义。治疗结束得越好，治疗就越会被认为是有价值的，并且治疗也会持续发挥作用。

存在主义治疗师的工作不是建议来访者的去留问题，而是确保留下来或离开的原因得到了充分的验证。除非治疗师与来访者讨论过这个问题，否则治疗师也无法知道这是不是一个合适的决定。因此，如果来访者不愿意讨论“突然离开”这个行为，那么可能意味着治疗也没有得到很好的结束，但如果他们愿意讨论，这才算是一个比较好的结束。

然而，重要的是，我们要知道，生活在不断继续，任何治疗都不能在某个节点上被断言已经结束了，而是暂时可以结束了。

归根到底，在任何时候，只有来访者自己才能知道对他们来说什么是对的，什么是错的，尽管如果治疗师不对来访者突然终止治疗的行为进行识别和探讨，就意味着治疗师没有履行对来访者的治疗责任。

练习

- 想一想以“好”结束的治疗。
- 想一想以“坏”结束的治疗。
- 在每一个案例之前、之中和之后，你认为、感觉和做了些什么？
- 你是如何为他们做准备的（如果你准备了）？
- 你的参与是主动的还是被动的？
- 你从处理结束的方式中学到了什么？

要点

■ 治疗的结束始于治疗的开始，并贯穿整个治疗过程。

■ 包括治疗师在内的许多人发现结束很难，所以他们避免直面治疗的结束。

■ 治疗结束的方式可以作为来访者如何回忆和看待这次治疗的基础。

■ 思考治疗关系及其结束并为来访者制定良好的结束方式非常重要。

心理治疗是一个学习的过程

来访者接受心理治疗，意在学习如何更高效地生活，并发现自身的优点和缺点。来访者要找到他们在获得自己想要的东西的道路上有什么样的障碍，这是一项情感工作，也是存在工作，而不仅仅是一项技术或智力工作。

我们通常会朝着更能胜任的方向前进，但那些发生在我们控制之外的事件会让我们觉得自己的能力远远不如我们所想象的那么强。面对生活中的种种苦难与挫折，我们的韧性不断受到考验，我们在整个职业生涯中不断经历和学习这些内容。它同样也适用于治疗师和来访者。

在治疗过程中，来访者不仅要学会更丰富多元的生活技能，而且还要学习使用心理治疗的技巧，但治疗师却很容易忽视这一点。习得这一技能的过程是由一系列想法、感受和行为组成的，这些想法、感受和行为可以通过四个意义不同的阶段向前或向后发展。但是，每个阶段都包含着另一个阶段，并且彼此间同等重要，为了使学习的内容得到巩固并消化吸收，我们必须要承认各个阶段所具有的重要意义。

第一阶段

来访者意识到无法胜任生活中的事情，又觉得无法做出任何改变，这便是许多来访者前来咨询的出发点。

这个阶段可以总结为："有很多事情我不知道，但我也不知道它们具体是什么。"

此时的感觉可能是：

■兴奋——最终下定决心要做点什么时。

■焦虑、恐惧和忧虑——对他们可能发现的东西。

■好奇——在有了新发现时。

■但他们也可能对生活，尤其是对自己的生活，处于一种绝望或沮丧的状态。

■在这种情况下，他们可能会对未来感到迷茫。这是他们所处的第一个阶段，在相当长的一段时间里他们都会处于这个阶段。

我们在这个阶段的任务主要是倾听和澄清。通过我们的澄清，我们对来访者寻求治疗的动机的假设慢慢变得清晰，隐藏在背后的东西也变得更明确。我们开始了解他们如何生活以及如何组织他们的物质、社会、个人和精神层面，也会了解他们如何看待自己、如何看待自己的人际关系、如何看待作为积极主体的自己以及自己的价值。

第二阶段

逐渐地，在他们说话时，我们倾听，同时他们也在倾听自己，他们体验到自己被我们所倾听。他们思考自己所说的话的意义，他们对自己在生活中的位置有了更深入的认识。

这个阶段可以总结为："我现在知道了很多我不知道的事情。"

这可能是一个非常困难的治疗阶段，许多来访者可能会在这个时候选择终止治疗。在这种情况下来访者会说：

■我来这里是为了感觉更好，但现在感觉更糟糕了。

■你是真的想帮助我，但是我意识到我自己做不到，这真是太难了。并且我一直都在出错。

或者他们可能会说：

■这太不可思议了，我一直知道有些事情是我没有意识到的，但现在我终于能应对了。

在这一阶段里出现的感觉是：

■焦虑——在面对“不知道”带来的空虚，不得不为自己的存在方式负责的时候，以及在面对他们发现了不想发现的事情的时候。

■挫败——在感到无能为力的时候。

■愤世嫉俗——在质疑情况为什么会比现在更好的时候。

■内疚和责任——在思考他们如何导致了现在的生活时。

■“酸葡萄心理”——他们可能会说他们不是很感兴趣，没有心理治疗他们也能过得很好。

他们可能会说心理治疗很“无聊”，这里的“无聊”绝不仅仅是无趣和枯燥，这反而意味着很多事情正在发生，这些事情是全新的，但暂时没有体现其意义。这意味着复杂的情感似烟似雾，他们因无法控制这样的情感而变得困惑或迷茫。面对自己的无知，我们会感到非常不安，因为我们思想的基础受到了质疑。说心理治疗“无聊”是一种在面对变化时避免焦虑的方法。

治疗师的任务是试着去理解这种焦虑，无论从理智层面还是从情感层面。这是一个必要的阶段，来访者开始忍受他们的痛苦，开始面对世界的真实状况，并开始以不同的方式理解它。在这点上，我们将会做出描述性的解释，这也意味着我们要为来访者的经历寻找和验证一个准确的描述。我们将在不歪曲事实的情况下准确地捕捉到它，并以新的方式呈现出来。通常情况下这意味着我们将模糊性摆到来访者面前，指出来访者生活中的矛盾以及他们如何重复着过去的模式。

这对治疗师来说也是十分困难的，我们需要通过我们的治疗和督导来获得一些新的视角，并且要学会忍受焦虑，这也是学习过程中不可或缺的一部分。来访者面对的是生活的现实，当他们即将鼓起勇气开启寻求改变的漫长旅程时，我们要对他们有耐心。

案例

每当事情变得困难时就想放弃

第 12 次会谈

迈克因惊恐发作而接受心理治疗。他之前看过三个治疗师，但在几次治疗后都中断了。他含糊其词地说，他选择中断治疗是因为他们没有帮助到他。

迈克：我不了解这种治疗方法……但我觉得它并没有起作用。我仍然处于焦虑状况中，并且我从未学会如何停止这种焦虑。我们只是在聊天……我想终止我们的治疗。

治疗师：你现在对想终止治疗有什么感受呢?

迈克：还好。

治疗师：仅仅是还好？

迈克：呃，有些沮丧，还有些失望。

治疗师：因为什么呢？

迈克：我对我的问题无计可施……实在是太难了……我觉得我没有耐心。

治疗师：对什么没有耐心？

迈克：所有的一切……并且我要重新思考这一切。

治疗师：是的，这也是我想知道的。这绝对不是毫无意义地一直说下去，可能反而是因为确实有很多需要觉察的点。正是因为太多了以至于让你感到痛苦，并且害怕去面对和处理它。

迈克：我上一个治疗师也这么说。也许其中真的有我没有意识到的点。

评论

为了让迈克能够继续治疗并让他意识到他应该这样做，治疗师决定把关注点放在迈克既想留下又想离开之间的两难处境上。对于治疗师而言，如果只靠迈克陈述的内容做表面的判断是不对的。同时，说服迈克留下来也是一个错误的行为。我们必须尊重迈克的自主权，虽然让他以建设性的方式而不是自我毁灭的方式来表达是很困难的。

第三阶段 来访者逐渐地适应了全新的思考和感受的方式，他们此时的感受可能是：

■兴奋——对发生的新变化感到兴奋。

■乐观并希望生活真的会变得更好。

■不安——因为它是如此的陌生和微妙，因为好的变化从来没有持续过。

这个阶段可以总结为："我知道这就是我想要的，我不能相信它，我担心我会再次失去它。"

来访者身上出现的变化是全新的，但还没有内化成他们的能力。来访者可能会在希望和绝望之间摇摆不定，可能每周都会拿着自己无能的证据来到治疗室。但他们很快就能意识到，他们比以前更有效、更有创造力地处理自己的生活，而且他们比以前更有能力和勇气。

案例

习惯于用不同的方式做事

第 18 次会谈

简寻求心理治疗是因为每当她遇到一个感兴趣的人，她也觉得对方对她感兴趣，但她发现自己根本没法跟他聊天。因为她经常酗酒、尬聊、出洋相，这导致他们的关系还没开始就已经结束了。

简：我感觉很奇怪。昨天午饭的时候我在跟我们上次说过的大卫聊天，我也牢记着我俩在治疗室里探讨过的内容，我仿佛变成了一个全新的自己。虽然我没怎么和他说话，但至少没说什么傻话，而且他一直在问我问题。

治疗师：比如？

简：他问我出生的地方，问我假期和周末喜欢做什么。我觉得他会约我出去。

治疗师：那是什么感觉？

简：很棒，但也感到害怕，这虽然很好，但也有点奇怪，我能感觉到他对我感兴趣，但我一直觉得这不会维持很长时间，只是因为他没有其他人可以聊天，你也知道的，我们之前讨论过那么多。

治疗师：当你让事情变得不一样的时候，你有什么感受？

简：我觉得我终于做到了！是吧？我做到了。就像我有了一个新玩具，它本是属于我的，我值得拥有它，我以前从来没有过这样的想法。这是一种很可怕的想法，明天我可能就会搞砸了。

治疗师：谁会搞砸？

简：好吧，好吧，好吧，曾经的我会搞砸它。那个深陷过去，蓄意破坏，而且不相信自己的人。但现在的我不会，对吧？

评论

简体验到了以不同方式做事情带来的全新的感觉。这既让她感到振奋也让她感到不安。她曾经认为她有自我毁灭的潜力，但现在她开始意识到这并不是她真正想要的。这只是她习惯了的应对方式，现在她正处于否认的过程中，她在以一种不同的方式与焦虑相处，承认它们，而不应回避它们。

此时我们的任务是努力巩固来访者为此所做的改变，以便将它们整合到来访者对自身的看法中。这意味着要指出来访者现在的做事方式是如何的不同，这使他们更有能力、更有勇气、更公平地对待自己和他人。在这一点上，我们应该采取积极和持续的行动，以获得持续的进展。

第四阶段

当来访者习惯以不同的方式做事情时，可能会产生一种更具弹性的兴奋，这可以总结为："我现在知道该怎么做了，我不再需要考虑它。"

这里有一些特别强大而危险的力量。它之所以强大，是因为人们会感到兴奋，觉得自己可以做以前无法做的事情；说其很危险，是因为这种自满会导致人变得傲慢且狂妄自大。这是一种不顾既定存在的狂热力量，而这最终会导致失败。

案例

具有挑战性的自满

第 24 次会谈

安东尼因为自己的不可靠而在之前的工作岗位上被辞退了，几个月以来他一直处于失业状态。他刚刚在一次面试中得到了一份工作。

安东尼：我喜欢这份工作，所以现在一切都会顺利的。

治疗师：我很高兴你能得到这份工作。但我们都知道你很擅长破坏，你要怎么应对呢？

安东尼：会没事的，我知道这一点。

治疗师：你怎么知道的呢？

安东尼：怎么，你是说我会搞砸吗？我以为你相信我。太让人失望了。

治疗师：我不是说你会或不会，因为我也不知道。我当然希望你不会。我只记得这些对过去的你来说是很困难的一种情况，重要的是你要清楚你为自己设置的陷阱。

安东尼：嗯。我想你是对的。

评论

安东尼得出的结论是，既然他现在知道自己以前做错了什么，那就不会犯了。我们并不一定要在与最初的情况尽可能相似的情况下测试自己，才能获得对成功的确定性。许多时候，我们永远不能认为成功是理所当然的，我们必须要对我们的所作所为保持觉察。

在这种情况下，我们的任务是对来访者新产生的能力和信心予以鼓励，同时还要防止他们变得过度自信，有时候治疗师在这个时候会被视为有点扫兴的人。

对于治疗师来说，同样危险的是开始觉得自己好像知道怎样成为一名治疗师，并变得自满。这是治疗师会犯错误的时刻，治疗师却没有意识到这是一个错误，并把后果的责任推给了来访者。

练习

这个过程也是治疗师学习如何成为治疗师的过程。回想一下，当你开始学习如何成为一名治疗师或者当你第一次接受个人治疗：

- 它是什么样的？
- 感觉如何？
- 关于你的学习方法，你发现了什么？
- 在这一过程有什么困难？

- 你想放弃吗?
- 是什么让你坚持下来的?

我们已经讨论过了治疗的最后一个阶段。现在到了我们总结并超越所有已经克服的烦恼和担忧的时刻了。此刻这位来访者想:“我已经准备好要过自己的生活了,因为我能应对任何可能发生的事情。”

要点

- 治疗师和来访者都会在了解生命和治疗时经历相同的过程。
- 了解我们学习方式的关键是我们对学习过程的感受。
- 每位新来访者都是对我们认知能力的挑战。
- 学习不是一个单向的过程。
- 在不同的治疗阶段里我们需要运用不同的技能。

结 语

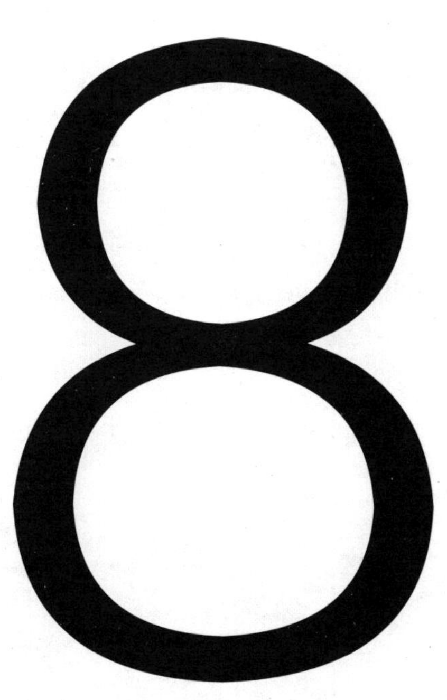

做你自己。

——弗里德里希·尼采

存在主义治疗的实践基础

尽管希望从事存在主义治疗工作的人不一定必须详细了解存在主义的文献，但他们在对世界的哲学思考中确实需要一些纪律和方法。虽然存在主义治疗师之间就如何将不同的哲学应用于治疗的细节存在激烈的争论，但他们对以下基本的存在主义原则达成了共识。

存在主义心理治疗中应遵循的原则：

■ 个体的问题不是单一的个人精神或心理的问题，必须在更广泛的人类生活背景下来理解。

■ 对幸福的追求应该与对人类生存状况的理解、对现实生活中的冲突和矛盾、压力和困境的理解联系起来看待。

■ 无论是从人类的普遍意义还是对个体的影响来看，来访者的特殊困境都是其寻找生命意义的一种方式。

■ 人类在寻找一种可以改善存在的生活模式，并且没有任何特定模式可以参考。

■ 应该包容地理解个人经历，因为它是在个人的文化、政治和社会特殊背景下形成的。

■ 有一种观点认为，人们必须辩证地直面生活中的矛盾和困境，才能茁壮成长。

■ 我们采用一种应用哲学的形式，其媒介是对话，它需要承诺和充分参与才能取得成功。必须要遵循严谨的哲学研究准则。它包括检验和验证关于人类生活的假设，并根据新的发现修改这些假设。

■ 任何结论只能是暂时的。

■ 我们的实践是以现象学原理为基础的，包括对经历详尽和细致的描述，从而理解和验证它们的意义和结果。

■ 有一种观点认为，人们不仅可以让生活变得有意义，而且努力使生活有意义是件好事。

■ 使来访者能够找到方向和自主权的哲学责任，需要与清楚地意识到人类生活的必要方面保持平衡。没有义务或责任感的自由是不存在的。

■ 带着勇气和信心生活，相信我们总能找到一种方法来解决我们的困惑，并克服障碍和困难，无论我们人生的道路上会发生什么。

■ 一个成功的结果不是为了让人们快乐，也不是让他们的生活不再有问题，而是为了有勇气去经历生活中不断产生的挑战和困难。

总结存在主义实践的原则

我们已经看到了存在主义实践者如何看待他们的工作，以及如何培养存在主义态度，我们还表明了存在主义方法的广泛性和适用性。

这里的许多建议都是关于如何看待你的来访者的，有些建议可能会比其他建议更重要。正是基于这些，我们进行了现象学上一致的干预。在开展存在主义督导工作时，记住它们也很有用。

合作、自由和对话

存在主义的工作是协作性的并依赖于你创建的治疗关系，不但与你的来访者有关，而且与你的来访者生活本身有关。问题是向来访者提出的，而不是要求来访者自述的，目的是引起他们的关注，从而使问题在他们的世界里浮现出来。最初，你可能几乎没有问题要问。只有当你知道这个问题将帮助来访者从另一个角度探索他们的经历时，你才会简单而明确地代表他们提出这个问题。这些问题通常是这样的："你指什么""你能给我举个例子吗""那是什么样子""你是怎么想的""这是怎么发生的"，有什么目的呢""因为……吗""怎么做""在什么情况下""具体是什么时候"。

出于对自由的尊重，我们鼓励来访者在个人经历方面自由探索问题，而不是在出现困境或冲突时就放弃。

显性、隐性和自欺欺人

通过对显性的澄清，隐性将被揭示出来。这是通过简单的、简短的、较少的干预和使用来访者自己的语言实现的。随着治疗时间的推移，来访者将注意力集中在他们的经历上，而这些经历已经被隐藏起来，只能用暗示。当显性和隐性之间存在巨大而被否定的差异时，他们将会在生活中欺骗自己，然后持消极的信念或幻觉。

只有当自我欺骗作为一个明确的问题出现时，你才可以发表声明，把它和目的联系在一起，这样你的来访者的视野就能被拓展得更广阔。这并不是要告诉他们应该以不同的方式看待事物，而是一种只能以开放和肯定态度展开的进程。

主题和问题

在前期治疗中，你需要在来访者的经历中寻找突出的主题。在澄清时，问问自己：

- 主题是什么？
- 来访者在回避什么？
- 他们是如何努力活着并得到满足的？

这一系统的探索将使来访者的世界观逐渐变得清晰，对治疗师和来访者都是如此，这将在整个治疗过程中持续下去。

价值观和信念

这些与存在的精神层面相关，并且更加含蓄。在治疗中，我们总是从来访者的经历出发，揭示他们内在的信念和价值观是如何决定他们生活方式的。目的是让来访者能够重新评估和拥有他们的价值观。

四个世界

随着你越来越熟悉来访者的病症和价值观，四个世界的框架可以用来了解他们的世界观。每一种观点、态度和经历都可以从这四个维度来看，问问你自己：

- 关于人类世界和自然世界的意义是什么?
- 在来访者的世界和公众世界里发生了什么?
- 他生活在一个什么样的个人世界?
- 他在理想或精神世界中的价值观和信念是什么?

你可能还想知道哪些是存在的、不存在的或有问题的。在这个过程中，我们更加意识到来访者经历中隐含的紧张和矛盾。

计划、恐惧和紧张

你可以在每个维度上问自己：

- 他们最关心的是什么？
- 他们最初的计划是什么？
- 什么情绪是被提及或未提及的？

通过这种方式，可以更全面地了解来访者所关注的，我们就能了解到是什么在推动他们，是什么在阻止他们，是什么在鼓励他们，是什么在激发他们，是什么在增强他们的力量，是什么恐惧在削弱他们。

复杂性与微妙性

当你对来访者的世界观有了初步的了解，并掌握了一些他们存在的困境时，你就可以开始更详细地了解他们的经历，探究其复杂和微妙之处。

当你瞄准更多的焦点时，会加快干预步伐；当你瞄准更广泛的经验表达时，干预步伐会变慢。但始终要确保你与来访者认为的真正重要的事情保持联系，而不是与你认为他们应该感到或认为的重要事情保持联系。记住，为了让视角正确，并在周围环境中了解来访者的世界观，需要对你的假设“加上方括号”。

意义

意义是隐含和嵌入在来访者的话语中的，你应该把它找出来，这样，他们就可以意识到它的存在。经常问问自己，语句的意义是什么，不要以为你知道。即使你认为自己知道，也要再确认一遍。这种验证是现象学工作的重要组成部分。在验证过程中要遵守原则，以便在你静下来回想的时候，改进你的意识。

来访者通常会很乐意向你敞开他们对世界的理解，只要你的干预是本着真正合作和慷慨的精神进行的。

它是来访者逐渐了解自己意义过程的一部分，帮助来访者偶尔重新审视这些意义，而不是想当然地看待一些事情。

矛盾与冲突

生命是由矛盾和冲突构成的——我们从生与死之间的张力中获得能量。它不能回避或否定，只能与之相遇并合作。治疗师要对来访者所认为的矛盾保持敏感。有必要指出，为了更美好的事物，其他一些事物可能不得不被牺牲。新事物的出现可能会导致不同风险。然后，曾经被视为极端的冲突可以被重新定义为困境，在解决问题之前需要经历这些困境。

真理、评价和验证

所有存在主义工作都应该反复检查和验证。来访者生活中发生的事情真相很少能够被核实，但是来访者和治疗师之间发生的事情真相可以被检验，并且它是治疗过程的一个重要方法。治疗师和来访者对治疗的理解总是不同的。这将在存在主义的督导中得到解决。另一种验证治疗效果的方法是证明来访者新的存在方式。只有当他们发现自己在生活中更加勇敢、真实和充实时，我们才会知道治疗已经取得了进展。

存在主义结构分析

由于以上原因，你可以逐步开始考虑来访者存在的基本结构：

■ 偏见和假设：来访者所持的每一个假设都需要进行处理，才能被理解。

■ 信念与价值观：人的世界观是由信念支撑的，而这些信念与他们所珍视东西有关。尊重个人观点的各个方面，同时帮助他们澄清和理解这些观点。有时你需要挑战矛盾。

■ 决定和选择：假设和价值观在必须做出决定和选择的时候会明显发挥作用。通常，当必须做出重要决定时，来访者的世界观就会变得显而易见，他们的实力也会受到考验。正是在这种情况下，他们想要做出的选择是他们最需要的。

■ 期待与恐惧：个人的观点最容易被担忧未来所掩盖，此时个人不再肯定他的选择结果。帮助来访者阐明他的期望，并确定哪种行为最能帮助他理解生活中真正重要的东西。

■ 计划与理想：只有当一个人能够全身心投入一种对他的

理智和情感都有意义的新理想时，才能实现假设、信念、决定和期望。这样一个理想将在他们的生活中产生各种各样的计划：一个关于他们想要在死前做什么的整体计划，但也有一些小的计划，这些计划在中短期内是可以实现的。所有这些都需要与人的正义感和真实感和谐一致。

培养个人风格

我们在这几页中看到，存在主义方法既有哲学上的明确性，又有其直接性。虽然本书提出了一些具体的干预措施，但优秀的存在主义治疗师的最终目的是，基于本书所描述的原则培养自己的治疗风格。在存在主义治疗法中，几乎没有规定的方法，但这并不等于任何方法都可以使用。生活既是教师也是法官，存在主义的干预通常都是出于对特定来访者和特定治疗师在特定时间和地点的人际互动的理解。在治疗中可以学到的东西，和生活中一样，总是让我们感到惊讶，它永远不能被全面地总结在书本或说明性的教条中。人必须不断探索以了解人类状况和存在的现实关系，而不是不假思索地将从别人那里获得的答案当成权威。

我们都要为自己的观念和认知负责，但我们也必须承认他人的自主权。我们自己和作为治疗师的工作之间的区别仅仅是在环境和道德的约束。我们之所以是这样的治疗师，正因为我们是这样的人。

就像生活一样，需要花一辈子的时间才能得到正确的答案。

术语表

焦虑（Anxiety）焦虑不仅仅是压力、抑郁或激动。这更像是一种忧虑：一种基本的背景式的不安，然而，这种不安可以凸显出来，甚至有时在危机时期使我们丧失能力。它包含了对无法解决的生存困境的模糊和令人不安的认识，通常包括：一种非特定的危险感、一种我们可能死亡的感觉、一种我们与其他人分离的感觉、一种我们对自己的生活负责的感觉，以及一种我们可能无法履行自己的道德准则的感觉。这种特殊形式的焦虑往往被称为存在性焦虑，我们不能没有这种本质的不适，因为它将我们指向基本的自由和责任，没有这种自由和责任，我们就没有意识，也就没有人性。归根结底，焦虑是我们的生命能量。

假设（Assumptions）人类是一种价值主导型的生物，他们会情不自禁地用已经拥有的价值、信仰和意义来建构意义。这些意义仅仅是我们为了解世界而做出的假设。这样的假设有助于我们理解事物。从现象的角度来讲，我们可以更清楚地认识到我们习惯用来理解世界的假设，并且我们可以提高自己质疑它们的能力，对它们进行反思，并且随着新的信息的出现而改变这些假设。

真实性/不真实（Authenticity/Inauthenticity）真实性/不真实性并不是指真实的或真正的东西，而是指我们自己的能力，要充分意识到我们每个人都是自己生活的缔造者，什么时候结束取决于我们做些什么。没有所谓的真实行为。只有当我们对存在的态度是一种面对真理的态度，并且我们允许这种真理的立场来为我们的行动提供信息时，才会产生真实性。因此，它很少是可持续的，我们不可避免地要否认我们的存在责任，因此又回到不真实，这是我们更常见的存在方式。当这种情况反过来变得无法容忍时，我们可以再次响应良知的召唤，承担起我们的责任。真实性和非真实性是同一枚硬币的两面，是不可分割的。

主体性（Autonomy）主体性是指人类对自己的生活做出决定，并在行为和思想上保持独立的基本愿望和能力。但这种自我激励的行为从来都不是无视他人需求和观点的借口。

恶意（Bad faith）恶意是萨特所用的一个术语，指的是我们主动逃避和否定自由和虚无的方式。有恶意的人要么会假装自己是完全无助的，注定要被命运所束缚，要么完全自由，并且能够做自己选择的任何事情。

改变（Change）改变不是存在主义治疗师能带来的。由于我们的本质是一种永恒的变化，我们所要做的是了解来访者如何习惯性地抗拒、逃避和否定生活中的变化，这样他们就能意识到自己是如何逃避做抉择的。

选择和责任（Choice and responsibility）在存在主义中，选择是对行动方针的承诺，而不是简单地在备选方案之间进行选择。在许多情况下，只有一种选择。它是关于把握生活的，而不是逃避和否定生活的。责任是存在主义思想的核心主题，指的是承认个人对自己的选择和行为的责任。它既适用于那些主动积极的行动，也适用于那些特殊情况或偶然性的行动。值得注意的是，放弃选择也是一种选择。唯一不存在的选择就是不去选择。

危机（Crisis）当我们不但意识到行动的必要性，而且意识到存在的脆弱性时，危机就变成了一种机遇。我们还意识到，未来取决于我们现在所做的决定。在危机中，我们需要对自己负责，这是我们展示自己的勇气的时候。在这段时间里，我们永远无法保证会发生什么。每一刻都有潜在的勇气存在，但我们习惯性地否定它，认为我们是生活的被动接受者，而不是主动创造者。

死亡（Death）死亡标志着我们物质生活的终结，也是我们决定如何生活的边界。我们的生命会因死亡而变得完整，因此死亡是有意义的。只有当意识到我们生活的时间本质，才会发觉到生活的紧迫性，从而更容易理解真正的价值。

描述/解释（Description/Explanation）描述/解释是存在主义实践中的一对有明确区分的概念。描述是现象学的核心，现象学要求我们摒弃对事物本质的预设，并且更倾向于描述影响我们的事物。一方面，来访者的描述将使他们从经验中得到真相，从而揭示其意义；另一方面，解释将促进一种疏远和更表面的理解，而这将不可避免地成为别人的理解。描述减少了暗示在治疗中的影响，而解释增加了暗示的影响。

决定论（Determinism）人类的基因、教育和性格无疑受到许多复杂力量的影响，但我们并不完全是由它们决定的。人类的意识使我们有能力对先天的东西采取一种特别的态度，通过使世界变得更有意义和影响改变未来的方式去改变先天的限制。我们用世界给我们的东西去获得我们没有的东西。我们改变了我们的世界。

辩证法（Dialectic）辩证法是解决难题的方法，它把两个明显的对立面结合起来，创造出全新的东西。这与妥协无关。通过辩证的方式达成的决议从来都不是固定的，而是永久变化的。每一个新的构想都包含了一些以前的反对意见，同时提出了一个新的想法。辩证法使我们从过去的学习中不断进步和发展。

对话（Dialogue）对话是治疗的本质、人类互动和意义的源泉。布伯说，对话是短暂的、具有挑战性的、难以实现和维持的，并且往往会成为两个人的同时独白。海德格尔将对话的缺点称为“空谈”。参与对话，就是在我们的主体间进行充分互动交流，从而进入自己的世界，用我们自己的方式来解决所谈论的事情。

两难（Dilemma）生活中所有重要问题都会涉及一些难题，它无法用简单的“是”或“否”，“对”或“错”来解决。要揭示它们的意义，就需要弹性地处理困境中的紧张关系。存在主义治疗师的工作是深度参与来访者进退两难的局面。这往往会让人意识到存在的悖论。

化身（Embodiment）化身是一个术语，指的是身体不是我拥有的东西，而是我自己。正如梅洛-庞蒂[1]所说，感知只能通过身体来实现，而身体是这个世界的一部分。要充分意识到一些事情和经验，并深入而具体地活着，而不是充分体现出对它的意见或理论。这就是生活。

共情（Empathy）“站在别人的立场上”，感受到他们的感受是不可能的。我们所说的共情不是一种神奇的或心灵感应的联系，而是一种从人类的相似性中得到证实的想象行为。我们能够对他人的经历产生共鸣，与我们理解生活的教训，以及我们如何能够理解他人的经历有关。对于治疗和生活来说，至关重要的不仅仅是我们的相似之处，还有我们的不同之处，我们从不同角度看待事物的能力，以及接受另一种意义的能力。它是相同的，也是不同的。

---

1 莫里斯 · 梅洛-庞蒂（ Maurice Merleau-Ponty，1908—1961），法国著名哲学家，存在主义的代表人物，知觉现象学的创始人。著有《知觉现象学》等。

参与（Engagement）参与就是让世界和我们在世界中的行为变得重要，让我们关心我们的生活，并积极地与它联系在一起。我们可以试着尽量脱离自己，从我们的经验中解脱出来，以避免感受到生活所带来的伤害和困难。或者，无论发生什么，我们都可以全身心地投入充实的生活中。

信仰（Faith）信仰是行动意义的根源。我们需要个人价值体系来指导我们的行为。信仰的悖论是，我们永远不能确定任何事情，但我们必须采取行动，要表现得好像它是这样又充分认识它可能不是。这就产生了焦虑，我们试图通过寻求确定性来减少焦虑。克尔凯郭尔[1]谈到信仰的飞跃，要活得像个有信仰的骑士，这意味着我们要以一种完全投入的方式生活，而不是通过拒绝或特殊的恳求来逃避生活。

自由（Freedom）自由在所有存在主义思想中都很重要。虽然我们渴望有一个坚定和永久的道德准则，但我们知道，它并不存在，因此，我们完全可以自由地建立我们自己的道德准则，并承担起实现道德准则的责任。正如萨特所说，“我们注定要自由”，意思是说，在所有人的约束下，我们的生活成为我们自己的责任。这也意味着，我们必须准备好每次在一个问题呈现在我们面前时重新思考。自由不是

---

1 索伦·克尔凯郭尔（Soren Kierkegaard，1813—1855），丹麦宗教哲学心理学家、诗人，现代存在主义哲学的创始人。著有《非此则彼》等。

一种选择，而是一种给定的选择：人类从根本上来说是自由的，并且有多种不同的存在方式。

既定（Givens）每个条件的核心都有一个无法解决的难题。也被称为终极关注，它们都涉及四个世界中的一个：物质世界、社会世界、心理世界和精神世界。人类生存状态的一些不可避免的因素是，我们生来就会死亡，我们总是与他人在一起，我们必须尽自己最大的能力做出自己的决定。我们必须为我们的生活而努力，我们将不可避免地动摇和失败，我们也将感到怀疑和内疚，感知苦难、疾病、怀疑和绝望。同时，这是一个给定的、我们有意识的能力，使我们能够超越所有这些既定。

罪恶（Guilt）存在主义意义上的有罪指的不是简单地在法律或普通法上做错了事。它指的是一种负债或不安的感觉，因为逃避或拒绝了我们存在的既定，或背叛了我们对自己或他人的道德或关系的义务。判断某件事是否“错”的最终标准，不在于文化是否认为它是错的，而在于它是否与人的价值体系相一致，而人的价值体系是根据存在的本质而发展起来的。

意向性（Intentionality）意向性是我们意识本质的基础：我们总是意识到一些东西。没有一定的方向、意图、目标和目的，就不可能有人类的生理、心理、情感或其他方面的活动。如果我们想要与自己和谐相处，意识到我们最初的意图是什么就足够了。

知道/不知道（Knowing/Unknowing）**不确定性/确定性**（Uncertainty/Certainty）为数不多的事物是可知的，它们可能是有关物理、事实和日常的。然而，当探究存在和意义时，我们需要中止，而不是否定已知的事物。我们暂时变得无知，这时我们会惊奇地发现我们未曾想到的某些事物。我们再次像孩子一样天真，对事物充满好奇。这通常被认为是怀疑或自我怀疑，因为在这个过程中，一切都是有问题的。这不可避免地导致了我们对不确定性的焦虑，我们可能会试图过早地达到确定性来消除这种焦虑——在我们不知道的情况下说服自己知道，这就是信仰和信仰飞跃的重要性所在。

入世（Leaping in）**超然**（leaping ahead）入世和超然是海德格尔所用的术语。入世通常指的是出于个人焦虑，当一个人接受指导或建议他人时，另一个人的自主权就被破坏了。相反，超然指的是一种关心他人的态度，承认并尊重他们的自主性。在超然的过程中，我们随时准备迎接对方发现前进道路上的所有障碍和机遇，而不是强迫他们或让他们决定在十字路口走哪条道路。

意义和目的（Meaning and purpose）**无意义**（Meaninglessness）对人生意义和目标定义的渴望和需求是存在主义治疗的核心，也是一个人能够自己定义的信念。只有当一个人能够面对无意义的可能性时，才有能力去定义意义及其目标。

本体论（Ontological）**本体**（Ontic）海德格尔和其他哲学家区分了本体论和本体之间的区别和联系。本体论是指人类存在的本质及其必要且有效的条件；本体是指存在的具体、变化和实际方面。存在主义治疗师努力让来访者回到他们日常问题的根源上（本体），这样他们就可以从存在的不可避免的既定的角度来看待问题（本体论）。例如，由于死亡和衰老的必然性而产生的本体论焦虑可能会导致有的人试图通过整容来否定衰老，从而否定死亡；有的人通过名利获得不朽；有的人为了逃避所谓的威胁而想自杀。

矛盾（Paradox）人的存在是矛盾的，例如，只有当我们面对即将到来的死亡这个现实时，才能真正地活着。矛盾是生活的一部分，存在主义治疗师并不是要消除它们，而是建设性地对待它们的张力。事实上，正是这种张力创造了生命的力量。

可能性（Possibility）这并不只是指在日常意义上可能发生的事情，而是指人类选择行动并承担后果的基本自由。它通常被称为潜力。海德格尔认为潜力总是大于现实。

关系（Relationship）存在主义思想否定了人与他人及世界有关系的观点，因为这个观点认为，人只不过是他们的关系而已。人类本质上是相互联系的。我们不能没有世界，没有别人，没有意识，这本质上是相互联系的。存在主义的关系比仅仅需要社交意义上的关系要深刻得多。人与他们的关系并不是分开存在的。与身体一样，人不具有关系，他们就是他们的关系。就治疗而言，关系的性质和质量决定了治疗的进展情况。治疗师和来访者努力进行真正对话，并共同克服他们所面临的障碍，这构成了治疗的作用。

自我（Self）存在主义者否定了自我是一个固定的概念，他们赞成自我是一个过程。把名词“自我”改为动词“自我”更有意义。在形成的过程中，在关系中，自我总是在不断变化。从这个意义上说，“我是一个愤怒的人”这句话更多的是关于说话者限制他们的可能性的一种方式，而不是说他们“真实”的本性。

被抛（Thrownness）我们出生在这个世界，没有说在何时、何地甚至没有说是否能活下去。因此，我们的首要任务是承认这一点，在拥有它的意义上选择它。我们的生活从随机和偶然性开始。我们必须抓住机遇，从给予我们的东西中创造出新的东西。

时间暂时性（Time temporality）时间是人类存在的边界——我们的生活方式是由我们如何看待死亡、一切事物的流逝以及我们自己所决定的。暂时性是生活的质量。我们没有使用或浪费时间，我们就是时间。时间在我们身上显现，因为时间是变化的，人类是时间变化的工具和场所。

真理（Truth）真理通常被定义为正确的事实或真实的东西。存在主义思想家关注真理的价值。这不仅仅是一种主观的评价——“它感觉正确，所以它必须是真实的”，而是一种按照既定的困境和存在的悖论做出的评价。要实现真理，就要辩证地结合主观、客观和存在的因素。我们很少能够知道任何事情的全部和全部真相，但这并不意味着这种真理不存在，也不意味着我们不应该为之而奋斗。

理解（Understanding）理解是存在主义治疗中的一种基本价值观，可与知识观形成对比。理解是用有意义的方式对某件事进行认知，而不是单纯地引用某件事的事实和数据。它是理解而非解释。

价值观（Values）**信念**（Beliefs）价值观和信念是意义的核心。心理治疗不是无道德的，不是无价值的，而是鼓励来访者审视自己的价值观和信念，使他们能够更好地理解这些价值观和信念的含义，从而使来访者能够更清楚地确立，并选择遵循哪些价值观和哪些实现这些价值观和信念的可能性。

世界观（Worldview）世界观是指我们对这个世界的认识。这是一个悖论，因为它给我们提供了框架，没有它，我们可能会绝望。这就解释了为什么我们如此依赖我们的观点。但它也使我们无法考虑其他选择，也无法继续寻找真理。

参考文献

基础性和介绍性著作

Cohn, H. (1997) *Existential Thought and Therapeutic Practice*. London: Sage.

Cooper, M. (2003) *Existential Therapies*. London: Sage.

Cox, G. (2008) *The Sartre Dictionary*. London: Continuum.

Cox, G. (2010) *How to Be an Existentialist: or How to Get Real, Get a Grip and Stop Making Excuses*. London: Continuum.

Danto, A.C. (1991) *Sartre*. London: Fontana.

Deurzen, E. van (1998) *Paradox and Passion in Psychotherapy*. Chichester: Wiley.

Deurzen, E. van (2002) *Existential Counselling and Psychotherapy in Practice*. London: Sage.

Deurzen, E. van (2010) *Everyday Mysteries: Existential Dimensions of Psychotherapy, second edition*. London: Routledge.

Deurzen, E. van and Arnold-Baker C. (eds) (2005) *Existential Perspectives on Human Issues: A Handbook for Therapeutic Practice*. Basingstoke: Palgrave Macmillan.

Deurzen. E. van and Kenward, R. (2005) *Dictionary of Existential Psychotherapy and Counselling*. London: Sage.

Frankl, V.E. (1964) *Man's Search for Meaning*. London: Hodder & Stoughton.

Fromm, E. (1995) *The Art of Loving*. London: HarperCollins.

Laing, R.D. (1960) *The Divided Self*. London: Penguin.

Macquarrie, J. (1972) *Existentialism*. London: Penguin.

May, R. (1977) *The Meaning of Anxiety*. New York: Norton.

May, R. (1969) *Love and Will*. London: Norton.

Spinelli, E. (2005) *The Interpreted World. An Introduction to Phenomenological Psychology*, 2nd edn. London: Sage.

Warnock, M. (1970) *Existentialism*. Oxford: Oxford University Press.

Yalom, I. (1980) *Existential Psychotherapy*. New York: Basic Books.

Yalom, I. (1989) *Love's Executioner and Other Tales of Psychotherapy*. London: Penguin.

延伸阅读

Adams, M. (2006) 'Towards an existential phenomenological model of life span human development', *Existential Analysis*, 17.2. SEA, pp.261–280.

Barnett, L. (ed.) (2009) *When Death Enters the Therapeutic Space: Existential Perspectives in Psychotherapy and Counselling*. London: Routledge.

Beauvoir, S. de (1963) *Memoirs of a Dutiful Daughter*. London: Penguin.

Becker E. (1997) *The Denial of Death*. New York: Simon and Schuster.

Binswanger, L. (1963) *Being-in-the-world* (trans. J. Needleman). New York: Basic Books.

Blackman, H.J. (1959) *Six Existentialist Thinkers*. New York: Harper and Row.

Boss, M. (1957) *The Analysis of Dreams*. London: Rider.

Boss, M. (1963) *Psychoanalysis and Daseinsanalysis*. New York: Basic Books.

Buber, M. (1958) *I and Thou* (trans. G. Smith). Edinburgh: T&T Clark (original work published 1923).

Burston, D. (1998) 'Heideggers influence on R.D. Laing', *Existential Analysis*, 9.2 SEA, pp.58–71.

Camus, A. (2005) *The Myth of Sisyphus* (trans. J. O' Brien). London: Penguin (original work published 1942).

Cohn, H. (2002) Heidegger and the Roots of Existential Therapy. London: Continuum.

Collins, J.(2000) *Heidegger and the Nazis*.London: Icon.

Cox, G.(2009) *Sartre and Fiction*.London: Continuum.

Deurzen, E. van (2008) *Psychotherapy and the Quest for Happiness*. London: Sage.

Deurzen, E. van and Young S. (2009) *Existential Perspectives on Supervision*. Basingstoke: Palgrave Macmillan.

Friedman, M.(ed.)(1991) *The Worlds of Existentialism*.London: Humanities.

Fromm, E.(1995) *The Art of Loving*.London: Thorsons.

Fry, E.(1966) *Cubism*.London: Thames and Hudson.

Graves, R.(1992) *The Greek Myths*.London: Penguin.

Guignon, C.(2004) *On Being Authentic*.Abingdon: Routledge.

Heidegger, M.(1962) *Being and Time* (trans.J.Macquarrie and E.S.Robinson). New York: Harper and Row (original work published 1962).

Jacobsen, B.(2007) *Invitation to Existential Psychology*.Chichester: Wiley.

Kemp, R. (2009) 'The lived-body of drug addiction', *Existential Analysis*, 20.1 SEA, pp.120-133.

Kierkegaard, S.(1970) *The Concept of Dread* (trans. W. Lowrie).Princeton, NJ: Princeton University Press (original work published 1844).

Laing, R.D.(1961) *Self and Others*.Harmondsworth: Penguin.

Laing, R.D.(1967) *The Politics of Experience*.Harmondsworth: Penguin.

Langdridge, D.(2005).'The child's relations with others'-Merleau-Ponty, embodiment and psychotherapy, *Existential Analysis*, 16.1, SEA, pp.87-100.

Langdridge, D. (2007) *Phenomenological Psychology: Theory, Research and Method*.Harlow: Pearson Education.

Macann, C.(1993) *Four Phenomenological Philosophers*.London: Routledge.

Madison G.(2004) 'Hospital philosophy: an existential-phenomenological perspective'.In M.Luca(ed), *The Therapeutic Frame in the Clinical Context: Integrative Perspectives*.London: Routledge.

May, R.(1983) *The Discovery of Being*.New York: Norton.

May, R., Angel, E. and Ellenberger, H. F. (1958) *Existence*. New York: Basic Books.

Mearns, D.and Cooper, M.(2005) *Working at Relational Depth in Counselling and Psychotherapy*.London: Sage.

Merleau-Ponty, M. (1962) *The Phenomenology of Perception* (trans. C. Smith). London: Routledge(original work published 1945).

Milton M.and Judd D. (1999) 'The dilemma that is assessment', *Existential Analysis*, 10.1, pp.102-104.

Moran, D.(2000) *Introduction to Phenomenology*.London: Routledge.

Moustakas.C.(1994) *Phenomenological Research Methods*.London: Sage.

Neibuhr, R. (1987) *The Essential Reinhold Neibuhr: Selected Essays and Addresses*(edited by R.M.Brown).Yale: Yale University Press.

Nietzsche, F.(1961) *Thus Spoke Zarathustra*(trans.R.J.Hollingdale).Harmondsworth: Penguin(original work published 1883).

Rowley, H.(2007) *Tête-à-tête: The Lives and Loves of Simone de Beauvoir and Jean-Paul Sartre*.London: Vintage.

Ryle, G.(1949) *The Concept of Mind*.Chicago: University of Chicago Press.

Sartre, J.-P. (1973) *Existentialism and Humanism* (trans. P. Mairet). London: Methuen(original work published 1946).

Sartre, J.-P.(1985) *Sketch for a Theory of the Emotions*(trans.P.Mairet).London: Methuen(original work published 1939).

Sartre, J.-P. (2000) *Words* (trans. I. Clephane). London: Penguin (original work published 1961).

Sartre, J.-P. (2003) *Being and Nothingness: An Essay in Phenomenological*

Ontology (trans. H. E. Barnes). London: Routledge (original work published 1943).

Schneider, K. (2007) *Existential-integrative Psychotherapy: Guideposts to the Core of Practice*. London: Routledge.

Spinelli, E. (2009) *Practising Existential Psychotherapy. The Relational World*. London: Sage.

Stolorow, R. (2007) *Trauma and Human Existence*. New York: The Analytic Press.

Strasser, F. (1999) *Emotions: Experiences in Existential Psychotherapy and Life*. London: Duckworth.

Strasser, F. and Strasser, A. (1997) *Existential Time-Limited Therapy*. Chichester: Wiley.

Szasz, T.S. (1984) *The Myth of Mental Illness*. New York: HarperCollins.

Thompson M.Guy. (2002) 'The existential dimension to working through', Existential Analysis, 13.1, SEA, p.46-67.

Tillich, P. (2000) The Courage to Be. London: Yale University Press (original work published 1952).

Yalom, I. (2003) *The Gift of Therapy*. London: Piatkus.

小说和剧本

Ballard, J.G. (1997) *Cocaine Nights*. London: Flamingo.

Ballard, J.G. (2006) *Empire of the Sun*. London: Harper.

Boyd, W. (1987) *The New Confessions*. London: Hamish Hamilton.

Boyd, W. (2002) *Any Human Heart*. London: Hamish Hamilton.

Camus, A. (2006) *The Outsider* (trans. J. Laredo). London: Penguin (original work published 1942).

Carroll, L. (2007) *Through the Looking Glass*. London: Penguin (original work published 1871).

de Saint-Exupéry, A. (1991) *The Little Prince* (trans. K. Woods). Harmondsworth: Puffin (original work published 1943).

Dostoyevsky, F. (2003) *Crime and Punishment* (trans. D. McDuff). London: Vintage (original work published 1866).

Fielding, H. (1997) *Bridget Jones Diary*. London: Picador.

Highsmith, P. (1999) *The Talented Mr. Ripley*. London: Vintage.

Hornby, N. (1996) *High Fidelity*. London: Indigo.

Kesey, K. (1973) *One Flew over the Cuckoo 's Nest*. London: Picador.

Koestler, A. (1994) *Darkness at Noon* (trans. D. Hardy). London: Penguin (original work published 1940).

Powell, A. (1997) *A Dance to the Music of Time*. London: Arrow (original works published 1951–1975).

Pullman, P. (2007) *His Dark Materials*. London: Scolastic.

Rhinehart, L. (1999) *The Dice Man*. London: HarperCollins.

Salinger, J.D. (1994) A *Catcher in the Rye*. London: Penguin (original work published 1951).

Sartre, J.P. (2000) *Huis Clos and Other Plays (The Respectable Prostitute, Lucifer and the Lord)* trans. K. Black. London: Penguin. (Original works published 1945, 1951, 1947.)

Sartre, J.-P. (2000) *Nausea* (trans. R. Baldick). London: Penguin (original work published 1938).

Sartre, J.-P. (2002) *The Roads to Freedom* (*The Age of Reason, The Reprieve, Iron in the Soul*) (trans. E. Sutton, G. Hopkins). London: Penguin (original works published 1945–49).

Shakespeare, W. Hamlet. Vickers, S. (2006) *The Other Side of You*. London: Fourth Estate.

Watterson, B.(1995)*Calvin and Hobbes.Kansas City*, MO: Universal Press.

Syndicate.Wilder, T.(2000)*The Bridge of San Luis Rey*.London: Penguin.

Yalom, I.(1992)*When Nietzsche Wept*.London: Harper.

电影

Woody Allen(1989)*Crimes and Misdemeanours*.USA: Orion Pictures.

Michelangelo Antonioni (1975) *The Passenger*. Italy: Compagnia Cinematografica Champion.

Ingmar Bergman(1957)*The Seventh Seal*.Sweden: Svensk Filmindustri.

Claude Berri(1986)*Jean de Florette and Manon des Sources*.France: DD Productions.

Luc Besson(1997)*The Fifth Element*.France: Gaumont.

Frank Capra(1946)*It 's a Wonderful Life*.USA: Liberty Films.

Steven Daldry(2002)*The Hours*.USA/UK: Paramount.

Mel Gibson(1995)*Braveheart*.USA/Icon Entertainment.

Peter Jackson (2001/2/3) *The Lord of the Rings Trilogy*. New Zealand/USA: New Line Cinema.

Akira Kurosawa(1954)*Seven Samurai*.Japan: Toho Company.

Roman Polanski (2002) *The Pianist*. France/Germany/UK/Poland: R.P. Productions.

Martin Scorsese (1988) *The Last Temptation of Christ*. USA/Cineplex-Odeon Films.

Steven Soderbergh(2002)*Solaris*.USA: Twentieth Century Fox.

Wim Wenders (1987) *Wings of Desire*. West Germany/France: Road Movies Filmproduktion.

图书在版编目（CIP）数据

存在主义心理咨询和治疗技术 / (英) 艾美·范·德意珍 (Emmy van Deurzen), (英) 马丁·亚当斯 (Martion Adams) 著 ; 张秀琴译 . -- 重庆 : 重庆大学出版社, 2023.9

（鹿鸣心理 . 心理咨询技术和实务系列）

书名原文: Skills in Existential Counselling & Psychotherapy

ISBN 978-7-5689-4159-4

Ⅰ. ①存… Ⅱ. ①艾… ②马… ③张… Ⅲ. ①存在主义—心理咨询②存在主义—精神疗法 Ⅳ. ①B849.1 ②R749.055

中国国家版本馆 CIP 数据核字(2023)第 164522 号

存在主义心理咨询和治疗技术
CUNZAIZHUYI XINLIZIXUN HE ZHILIAO JISHU

［英］艾美 · 范 · 德意珍（Emmy van Deurzen）

［英］马丁 · 亚当斯（Martin Adams）\ 著

张秀琴 \ 译

鹿鸣心理策划人：王 斌

责任编辑：赵艳君　　版式设计：赵艳君

责任校对：谢 芳　　责任印制：赵 晟

*

重庆大学出版社出版发行

出版人：陈晓阳

社址：重庆市沙坪坝区大学城西路 21 号

邮编：401331

电话：（023）88617190 88617185（中小学）

传真：（023）88617186 88617166

网址：http：/ / www. cqup. com. cn

邮箱：fxk@cqup. com. cn（营销中心）

全国新华书店经销

重庆愚人科技有限公司印刷

*

开本：890mm×1240mm 1/32　印张：10　字数：207 千

2023 年 10 第 1 版　2023 年 10 月第 1 次印刷

ISBN 978-7-5689-4159-4　定价：66.00 元

Skills in Existential Counselling & Psychotherapy

by

Emmy van Deurzen and Martin Adams

First published in 2011

English language edition published by SAGE Publication Ltd

Simplified Chinese Translation

版贸核渝字(2019)第 192 号